社区（老年）教育系列丛书

“豫”见野菜
河南地区常见野菜识别及食用技术

主编　张晓霞　赵丽娜

郑州大学出版社

图书在版编目(CIP)数据

“豫”见野菜：河南地区常见野菜识别及食用技术 / 张晓霞，赵丽娜主编. —郑州：郑州大学出版社，2023.6
(社区(老年)教育系列丛书)
ISBN 978-7-5645-9661-3

Ⅰ.①豫… Ⅱ.①张… ②赵… Ⅲ.①野生植物-蔬菜-识别-河南 ②野生植物-蔬菜加工 Ⅳ.①S647

中国国家版本馆 CIP 数据核字(2023)第 062382 号

“豫”见野菜　河南地区常见野菜识别及食用技术
“YU” JIAN YECAI　HENAN DIQU CHANGJIAN YECAI SHIBIE JI SHIYONG JISHU

选题策划	孙保营　宋妍妍	封面设计	王　微
责任编辑	樊建伟	版式设计	陈　青
责任校对	吴　静	责任监制	李瑞卿
出版发行	郑州大学出版社	地　　址	郑州市大学路 40 号(450052)
出 版 人	孙保营	网　　址	http://www.zzup.cn
经　　销	全国新华书店	发行电话	0371-66966070
印　　制	河南美图印刷有限公司		
开　　本	787 mm×1 092 mm　1/16		
印　　张	17.25	字　　数	193 千字
版　　次	2023 年 6 月第 1 版	印　　次	2023 年 6 月第 1 次印刷
书　　号	ISBN 978-7-5645-9661-3	定　　价	86.00 元

《“豫”见野菜　河南地区常见野菜识别及食用技术》

作者名单

主　　编　张晓霞　赵丽娜

副主编　王亚旭　冯松浩　赵则月
　　　　　　阮丽红

前　言

河南省地处黄河中下游地区，幅员辽阔，地形复杂，优越的自然条件孕育了丰富多样的野生蔬菜植物资源。河南作为华夏文明的重要发祥地之一，50多万年前人类便在此繁衍生息，有悠久的农作物种植和野菜食用历史，省内各地区形成明显的地域特色。

随着社会老龄化程度加深，河南作为人口大省，越来越多的人加入老年行列。20世纪中叶物资匮乏的人生经历和近来人们对健康生活的追求，使得越来越多的老年人对野菜的喜爱程度不断增加。虽然大多数野菜具有栽培蔬菜无可比拟的口感、风味、营养价值、药用功效和保健功能，但因误采、误食一些有毒、有害植物，引发中毒、身体损害的现象时有发生。

据普查，河南省野菜资源415种，隶属91科226属，其中85%以上野菜品种均为药用植物，具有明确的药用功效和适用范围。面对丰富的野菜资源，如何准确地识别、精确地采摘、正确地食用野菜，是确保老年人健康和安全食用野菜的关键。

本书中野菜品种的选择充分体现“药食同源、药食同功”理念，着重普及药食两用品种的形态特征、采摘部位和时节、药用价值、营养价值、保健食谱等内容。理念上充分体现中医药养生，编写中充分结合中医药学理论,揭示中医药在养生、康养、“治未病”等方面独具特色的思维方式,普及其维护健康、防治疾病的思想和方法体系,从中医药的视角全面地介绍野菜。

本书内容体系主要依据食用部位进行划分,具体编写以项目进行,按照从野菜的食用渊源、识别要点、采摘方法到食用加工等生活任务流程进行编写。主要包括以下内容:河南省常见野菜资源概述、叶菜类常见野菜的识别及食用方法、根茎类常见野菜的识别及食用方法、花菜类常见野菜的识别及食用方法、果菜类常见野菜的识别及食用方法、其他常见野菜的识别及食用方法。每一种野菜从中文名及别名、食用渊源、生长环境、识别要点、食用部位及采摘时节、保健功用、营养价值、食用方法等进行了详细介绍和展示,完整呈现一个个生活项目,实现从野外原植物到一道道风味美食的蝶变。书中所展示图片,均由本书编者自行拍摄。

本书在编写过程中参阅了许多专家、学者的研究成果和论著,在此一并感谢!在编纂过程中,由于野菜品种的多样性和复杂性,涉及的内容广泛,加之我们对野菜知识掌握得不够深入、全面,书中难免有不妥之处,敬请读者批评指正。

编　者

2023年6月

目　录

第一章
河南省常见野菜资源概述

一、河南野菜地理位置分布

河南省地势呈望北向南、承东启西之势，地势西高东低，由平原和盆地、山地、丘陵、水面构成；地跨海河、黄河、淮河、长江四大流域。大部分地处暖温带，南部跨亚热带，属北亚热带向暖温带过渡的大陆性季风气候。河南有着悠久的农业历史，同时，还有着优越的自然条件和适宜野生植物的生境，因此，该区域的野菜多样性指数相对较高。当地人们自古就有采摘野菜的传统，因而野菜资源的利用可以说是起源悠久。

河南省野菜资源共有 415 种，隶属 91 科 226 属。河南野菜的生长环境有着自身特点，约 1/3 的野菜属于郊野田间野菜，它们大多生长于郊野荒地，有的也生长于田边和地头，还有一部分生长于水田池沼等地；2/3 的野菜属于山地森林野菜，这部分野菜资源多见于森林中，也有的分布于溪涧两边，更有一部分生长于山坡灌木丛里。

河南省幅员辽阔，各地自然条件差异较大，野菜资源的分布具有明显的地域性。以海拔较低的低山、丘陵区数量最多，资源最为丰富，且多数野菜具有片状分布的特点。

1. 太行山地区

该地区位于河南省西北部，北起林县，南靠黄河，西抵济源，东至京广线，总面积约67.2万公顷。行政区划包括辉县、林州、济源、修武、淇县、博爱、鹤壁郊区7个县市（区）。本地区地形起伏多变，地貌复杂，四季分明，具有暖温带气候特点，环境条件适宜多种植物的生长发育，野生植物资源相当丰富。本地区野生蔬菜资源约125种，隶属于48个科。常见的优质野菜有桔梗、马兰、诸葛菜、华北耧斗菜、蕨、三叶芹、牛蒡、轮叶沙参、费菜、茖葱、野韭菜、哥兰叶、海州常山、鸡头参、藁本、荠菜、刺五加、长萼堇菜、蒲公英、苦菜等。

2. 伏牛山地区

该地区年平均气温在15摄氏度左右，年均降水量在800毫米左右，大多属北亚热带季风气候，四季分明，生态环境多样，野生蔬菜植物资源蕴藏量丰富。据初步统计，可食用的野生蔬菜有80~90种。

草本类：凤花菜、野油菜、遏蓝菜、独行菜、荠菜、诸葛菜、碎米荠、糖芥、歪头菜、野豌豆、鸡眼草、铁苋菜、毛蕨、拳菜、酸模、苦荞麦、猪芽草、灰绿藜、地肤、野苋菜、马齿苋、婆婆指甲菜、麦瓶草、鸡冠菜、商陆、水芹、打豌花、枸杞、刺儿菜、蒲公英、山莴苣、山韭等。

乔木或灌木类：香椿、栓翅卫矛、阔叶清风滕、榆、白麻子、凉粉树、槐、刺槐、木槿、构树等。

3. 大别山地区

该地区位于豫、鄂、皖三省交界处的江淮之间，地理坐标北纬30°06′~32°37′，东经111°17′~114°25′，包括信阳市五县二区。本地区热量丰富，降水充沛，年平均温度14摄氏度以上，日平均大于10摄氏度的活动积温4500~4950摄氏度，年降水量1000~1300毫米，无霜期220天，土壤主要类型为黄棕壤，pH值5.5~6.5，属于北亚热带向暖温带过渡型气候。本地区植物资源丰富，野菜资源有数百种之多。

叶菜类：刺苋、反枝苋、诸葛菜、独行菜、荠菜、碎米荠、野豇豆、紫云英等。

根茎类：何首乌、野百合、百合、山丹、玉竹、山药等。

花菜类：玉兰、蜡梅、黄花菜、萱草、蒲公英、慧兰、刺槐、紫藤、野葛等。

果菜类：榆树（榆钱）、栝楼、茅栗、栎属作物的果实橡实等。

竹笋类：毛竹、淡竹、水竹、桂竹、刚竹。

蕨菜类：紫萁（薇菜）、蕨（拳菜）、普通凤丫蕨、凤丫蕨、乳头凤丫蕨、疏网凤丫蕨、狗脊蕨等。

菌藻类：木耳、毛木耳、松乳菇、红菇、冬菇、蘑菇、长裙竹荪等。

4. 云台山地区

该地区位于河南省北部，北纬34°，东经112°02′附近，年平均气温14.3摄氏度，年均降水量600~700毫米，无霜期223天，属于暖温带半干旱季风气候。本地区野菜资源非常丰富，共计186种，隶属于37个科，且多为草本植物，常分布于山谷林下。常见野菜有凤尾蕨、地肤菜、荠菜、辽东木、刺儿菜、苦苣菜、小根蒜、蒲公英、桔梗、水芹、黄精、马齿苋、菊花、山药、地黄等。

5. 黄淮海平原区

该地区西起京广铁路，南至淮河，北、东面至省界。全区地势平坦，属黄淮海冲积平原，覆盖郑州、开封、洛阳、新乡、安阳、焦作、濮阳、许昌、漯河、商丘、周口、驻马店、信阳等平原地带。气候冬凉夏热，年平均气温13~15摄氏度，年均降水量北部为600~700毫米，南部为800~900毫米，雨热同季，对植物生长很有利。植被为落叶阔叶林组成的栽培植被。本地区地势平坦，属于温带大陆性季风气候，四季分明，气候宜人，雨量适中。野菜植物种类较多，大多分布于荒地、田间、河滩、洼地、河堤、渠岸等处。常见的野菜有马齿苋、莽菜、米瓦罐、独行菜、野菊、蒲公英、刺儿菜、苦苣菜、苦荬菜及觅科、黎科等多种野菜。木本植物以刺槐、榆树为多。水生野菜有香蒲、水芹等。

二、野菜的特点

野菜，也称野生蔬菜，通常是指在野外自然生长、未经人工栽培的根、茎、叶、花、果实等用作蔬菜食用的野生或半野生植物，广义上也包括野生食用菌。野菜生长在自然无公害环境中，具有无污染、鲜嫩、风味独特等特点。不仅营养价值高，部分野菜还具有一定的药用保健作用。随着人们生活水平的提高，饮食结构得到了很大的改善，吃得科学、吃得合理、吃得健康成为人们的新追求。野菜作为现代人渴求"回归自然""回归健康"的野味食品越来越受到人们的青睐。

我国食用野菜的历史悠久。春秋时期,《诗经》开篇的《关雎》写道:“参差荇菜,左右流之。”其中的荇菜就是野菜的一种,形如睡莲小巧别致,是庭院点缀水景的佳品。以之做成荇菜绿豆粥,粥糯味甜、绿豆酥烂,十分爽口。到了明代,朱橚(朱元璋第五子)主持编纂的《救荒本草》,是中国古代第一部系统介绍野菜的专著,对野菜的种类、食用部位、加工方法都做了详细介绍。丰富的野菜食用历史,酝酿了更加丰富的野菜食用和加工方法,生食凉拌、炒食蒸煮、配菜做汤、晒干菜、制酸菜、腌咸菜等。各种方法,应有尽有,展现出了我国劳动人民无穷的智慧。野菜之所以受到劳动人民的喜爱,总结起来主要是因为野菜具有营养丰富、风味独特、养生保健价值高等特点。

1. 营养丰富

与栽培蔬菜相比,野生蔬菜含有更加丰富的膳食纤维、蛋白质和维生素等营养物质,可作为天然绿色健康食品。在《中国野菜图谱》一书所测定的 234 种野生蔬菜中,每百克鲜重含胡萝卜素高于 5 毫克的有 88 种,维生素 B_2 含量高于 0.5 毫克的有 87 种,维生素 C 含量高于 100 毫克的有 80 种,含钙量在 200 毫克以上的有 43 种。有些野菜还含有一般植物中所没有的维生素 D、维生素 E、维生素 B_6、维生素 B_{12} 等。多食野生蔬菜可补充人体所需的特殊营养成分。

野生蔬菜富含人体所必需的各种矿物质元素、维生素、蛋白质、氨基酸、碳水化合物及食用纤维等多种营养成分,尤其是维生素和矿物质元素含量较为突出,较一般蔬菜高许多倍。据分析,蕨菜等野菜中含有的蛋白质较芹菜和青椒高3倍,较番茄高2倍。野菜中还含有多种氨基酸和丰富的维生素。对234种野菜分析结果显示,有88种野菜每千克中的胡萝卜素含量高于5克,而1000克胡萝卜的胡萝卜素含量为1.35克;有80种野菜每千克中的维生素C含量高于100克,其中61种野菜每千克中的维生素C含量较栽培蔬菜高50~100毫克;有34种野菜每千克中的核黄素(维生素B_2)含量较栽培蔬菜高0.2克;每千克蒌蒿中的钙含量为7300克,是菠菜的10倍。许多野菜中还含有大量人体所需的多种氨基酸,以及一般蔬菜所没有的维生素B_6、维生素B_{12}、维生素D、维生素K、维生素E。

2. 风味独特

食用野菜重在尝鲜。野生蔬菜的生态环境不同于栽培作物,所以食用起来给人以“野味”之感,而且种类多,吃法多样。不同的野菜,其风味独特,为一般蔬菜无法比拟。如袖珍的酸浆、奇特的菊花脑等因小巧玲珑、美观可爱、色彩斑斓而诱人,荠菜和马兰清香爽口,蒌蒿脆嫩香鲜,香椿有特殊香味,等等。经过加工后的野菜,更有特殊的乡土风情,如腌渍、晒干的蕨菜被称为“山野菜之王”,干制的马齿苋以及盐渍的香椿头和盐蒿等都别具一格。野生蔬菜食用方法丰富多样,可以生食、凉拌、炒食、蒸食、煮汤食、腌渍品、制作干菜等。

3. 养生保健价值高

几乎所有的野生蔬菜都可以入药,我国民间就有很多野生蔬菜治病的常见方法。如:荠菜具有健脾、利尿、止血、明目等功效,可治疗高血压、冠心病、痢疾、肾炎等症;马齿苋有清热、解毒、消肿、利湿、凉血、降压、利尿等功效,可治疗尿道炎、尿血、痢疾、黄疸型肝炎及妇女病。并且,野菜中许多营养成分本身就是良药。如:维生素 C 能防坏血病;胡萝卜素对夜盲症、弱视及近视等眼疾有疗效;纤维能刺激肠胃蠕动,促进消化腺分泌,帮助消化,对肥胖症、高胆固醇症和结肠炎有预防作用;等等。

最新版的《中国药典》中,有 100 余种中药材的来源植物同时可作为野菜食用。如小蓟、大蓟、马齿苋、车前草、艾叶、鱼腥草、积雪草、委陵菜、益母草、茵陈、菊苣、夏枯草、紫苏叶、紫苏梗、紫花地丁、蒲公英、薄荷、小茴香、牛蒡子、五味子、车前子、火麻仁、王不留行、花椒、青果、草果、青葙子、决明子、芡实、茺蔚子、楮实子、栀子、紫苏子、覆盆子、山药、天门冬、白茅根、百合、芦根、苍术、防风、地榆、桔梗、姜黄、黄精、葛根、威灵仙、紫菀、五加皮、地骨皮、刺五加、蒲黄、辛夷、野菊花、槐花、金银花、旋覆花等。

三、野菜的分类

根据食用部位不同,河南地区常见野菜可分为叶菜类、根茎类、花菜类、果菜类、竹笋类、蕨菜类等几种。

1. 叶菜类

该类植物的幼苗、嫩芽、嫩茎叶可作为蔬菜食用。常见的有紫苏、荷叶、龙蒿、地肤、独行菜、播娘蒿、藜、麦家公、苣荬菜、猪毛蒿、附地菜、苋菜、艾叶、茵陈、小蓟、马齿苋、蒲公英、紫花地丁、薄荷、荆芥、石香菜、鱼腥草、小茴香、荠菜、落葵、麦瓶草、麦蓝菜、车前草、委陵菜、刺儿菜、酸模、水芹、苦苣菜、羊蹄、沙蓬、猪毛菜、繁缕、女娄菜、白花菜、糖芥、离子草、蔊菜、遏蓝菜、诸葛菜、黄花蒜菜、云南山俞菜、碎米荠、豆瓣菜、委陵菜、天蓝苜蓿、小巢菜、柳叶菜、峨参、变豆菜、香根芹、羊红膻、泽芹、珍珠菜、打碗花、藿香、甘露子、蜗儿菜、水苏、通泉草、车前、缬草、马兰、东风菜、香青、鳢肠、千里光、小蓟、菜蓟、泥胡菜、稻搓菜、莴苣、苦荬菜、鸭跖草、牛尾菜、石刁柏、卵叶韭等。

2. 根茎类

该类植物的根、嫩茎或变态根、变态茎可作为蔬菜食用。常见的有薤白、白茅根、芦根、葛根、小根蒜、野百合、玉竹、黄精、地瓜苗、野慈姑、魔芋、野山药、何首乌、鬼灯檠、桔梗、白芷、当归、紫花前胡、续断、党参、羊乳、桔梗、石沙参、荠苨、狗哇花、紫菀、矮慈姑等。

3. 花菜类

该类植物的花瓣、花苔、嫩花序可作为蔬菜食用。常见的有金银花、槐花、柳树、构树、刺槐、葛、紫藤、省沽油、野菊、小黄花菜、萱草、白鹃梅、荇菜、睡菜、旋覆花等。

4. 果菜类

该类植物的幼果、种子可作为蔬菜食用。常见的有覆盆子、枸杞、栀子、决明子、酸浆、龙葵、马泡瓜、榆、薜荔、板栗、芡实、三叶木通、野菱、野大豆等。

5. 竹笋类

该类植物的幼芽、嫩茎可作为蔬菜食用。常见的有刚竹、毛竹、淡竹叶、水竹等。

6. 蕨菜类

该类植物的嫩芽、嫩叶可作为蔬菜食用。常见的有蕨、毛蕨、荚果蕨等。

四、野菜的食用方法

野菜的吃法很多,大多数野菜洗净后烹调时,应先用开水焯一下,以清除其所含的微量毒素。然后就可以像蔬菜一样食用,或拌或炒或蒸。干燥上火时可以用小火煨一锅野菜粥,可增加维生素和纤维素的摄取,有滋阴补肾、调节肠胃之功效。

1. 生食(调食)

已知无毒且具有美味的野菜,例如苦荬菜、小根蒜等,将野菜择洗干净,用开水烫过后,即可加调味料生吃。这种吃法可以保存野菜中各种营养素。

2. 炒食

已知无毒且无不良口味的野菜,例如刺儿菜、荠菜、野苋菜、扫帚菜、蓄菜、鸭跖草等,将嫩茎、叶择洗净,切碎后即可炒食。

3. 蒸食

蒸食是将野菜(如扫帚苗、白蒿、水菠菜、面条菜等)洗净,拌面、蒸熟,再加熟油、盐、蒜调食。蒸菜馍则是将菜与面混合、拌匀,做成馒头或捏成窝窝头,蒸食。蒸菜包是把野菜如芥菜、马齿苋等,洗净,切碎,加油、盐调成馅,包成包子蒸食。

4. 凉拌

已知无毒并具有柔嫩组织的野菜，例如马齿苋、苦苣菜等，用开水烫或煮三五分钟后，将菜捞出，挤出汁液后，加入调味料凉拌吃。这样的吃法可以除去一些野菜不良的苦涩味。

5. 煮食

对于一些具有苦涩味并可能具有轻微毒性的野菜都可采用这一办法。例如败酱、胭脂麻、珍珠菜、水芹、莫菜、酢浆草、龙芽草等，将嫩茎、叶洗净后，在开水或盐水中煮 5~10 分钟，然后捞出，在清水中浸泡数小时，并不时换水，浸泡时间随野菜的苦味大小而定，必要时可以超过 24 小时。

五、野菜食用注意事项

每年春天，全国各地都会出现人误食野菜中毒的报道，严重者甚至危及生命。在目前已经被人们食用的野菜中，有的也还具有一定的毒性，如黄花败酱、小蓟等，吃后有时会引起不适或发生过敏反应，不仅在食用的量上应加以控制，而且在食用前，应该先用热水焯一遍，再用清水浸泡半日，其间换水数次，最后再烹调食用。

野菜，特别是多数以叶片作为食用器官的野菜，其硝酸盐含量一般偏高，如每千克马齿苋中的硝酸盐含量可达 3606 毫克。每千克小蓟中的硝酸盐含量可达 6344 毫克，每千克荠菜初花期硝酸盐含量可达 2878 毫克。参考世界卫生组织和联合国粮农组织规定的标准，建议：每千克野菜硝酸盐含量小于 432 毫克，允许生食；每千克野菜硝酸盐含量为 432~864 毫克，不宜生食，可以盐渍；每千克野菜硝酸盐含量为 864~1728 毫克，不宜生食或盐渍，应该用开水焯过后熟食，且一天食用野菜量不要超过 500 克；每千克野菜硝酸盐含量大于 3500 毫克，不提倡食用。

在食用野菜时，我们还需要注意以下几点：

第一，不熟悉、不认识的野菜不要采摘，避免误食有毒野菜。

第二，采摘野菜时，应避开污染区，如化工厂、污水、公路、垃圾填埋场等区域，避免食用污染野菜引起中毒。即使是公园里的野菜，也可能为了控制绿化植物的病虫害而进行过打药消杀处理，不建议食用。

第三，老人、婴幼儿、孕产妇、哺乳期妇女、过敏体质人群，尽量不吃或少吃野菜。并不是所有人都适宜吃野菜。野菜多性寒味苦，可清热泻火。长期脾胃虚弱、虚寒以及患有肠炎胃炎的人不宜吃野菜。民间认为野菜都是“发物”，容易引起皮疹等过敏症状，所以容易过敏的人也不宜吃野菜。有些野菜中草酸含量很高，而草酸可以沉淀食物中的钙，降低人体对钙质的吸收水平，所以过量食用野菜对青少年的成长不利。

第四，野菜最好是现采现吃，久放的野菜不但不新鲜，而且营养成分减少，味道较差。

第五，不过量食用野菜。如苦菜性味苦凉，过量食用则可伤人脾胃；刺儿菜有凉血止血、祛瘀消肿的功效，但常食可致人脾胃虚寒。

第六，在食用野菜前，为了安全起见，野菜要彻底清洗，并在清水里浸泡两小时以上或者用开水煮 10 分钟。

第二章
叶菜类常见野菜的识别及食用方法

紫　苏

引语：“海棠花下生青杞，石竹丛边出紫苏。”紫苏是一种具有特异香气的一年生草本唇形科植物，别名苏子。它既是餐桌上一道独特的美味，也是我国流传千年的一种名药。

【中文名及别名】

中文名：紫苏。

别名：红苏、香苏、赤苏。

【食用渊源】

紫苏种植在中国已有2000多年历史。紫苏生长适应性强，栽培方式简单，易于成活，是老百姓房前屋后常种的植物，既可食用，也可药用，还有一定的观赏性。紫苏作为药食同源植物，用途极为广泛。紫苏子和紫苏油都是民间的调味精品、食疗珍品。紫苏嫩叶清香扑鼻,可以蘸佐料生吃,也可以凉拌或做汤或煎炒;在煮鱼时加上紫苏叶有解腥、增鲜、提味的作用。

【生长环境】

适应性强,分布在路边、树林、房屋附近,在沙质壤土、黏壤土中可生长。

【识别要点】

一年生草本植物,野生种高 0.5~1 米,栽培种高 1.6~1.7 米;茎直立,有分枝,随着生长,分枝不断增加,茎节间较密,绿色或带紫色,密被生长柔毛;单叶互生,卵形或卵圆形,绿色或紫色;总状花序顶生或腋生,花萼钟状,花冠管状白色至紫红色,上唇微缺,下唇 3 裂;小坚果近球形,灰褐色,内含种子 1 粒,种皮极薄,表面有网纹。(见图 2-1、图 2-2)

图 2-1

图 2-2

【食用部位及采摘时节】

食用部位：叶、种子。（见图2-3、图2-4）

图2-3

图2-4

采摘时节：每年春天，紫苏叶长到全开而未老化时，采摘新鲜、完整、无黄叶、无病虫害的嫩叶；每年9—10月可采摘果实。

【保健功用】

叶：解表散寒、行气和胃。用于风寒感冒、咳嗽呕恶、妊娠呕吐、鱼蟹中毒等症。

种子：降气化痰、止咳平喘、润肠通便。用于痰壅气逆、咳嗽气喘、肠燥便秘等症。

【营养价值】

紫苏叶片中粗蛋白含量较高，为27.8%。每千克紫苏叶片中β-胡萝卜素含量为56.5毫克，β-胡萝卜素具有重要的生理和药理功能，它能激活免疫功能，提高机体免疫力，具有清除自由基的功效，可以减少患癌症、心血管病、眼病等疾病的危险。从紫苏叶中提取的紫苏色素及黄酮类化合物，具有调节血脂、抗氧化和抗菌等作用。

紫苏籽富含油脂，与油菜籽相当，含油率为40%～50%。而紫苏油中α－亚麻酸含量很高，达55%～65%，是优良的保健食用油。α－亚麻酸是人体中必需的脂肪酸，具有降血压、降血脂、抑制血小板聚集、减少血栓形成的作用，还可抑制乳腺癌的生长和代谢，具有一定的抗癌作用。

此外，紫苏中含有多种人体所需的微量矿物质元素，其中铁、锌含量均大大超过一般植物。含有丰富的氨基酸，氨基酸种类达18种，含有8种人体必需氨基酸；特别是紫苏籽中，氨基酸含量较高。紫苏叶中维生素C的含量也较高，紫苏籽中维生素E的含量则远高于紫苏茎、叶中的含量。

【食用方法】

1. 凉拌紫苏叶

材料：嫩紫苏叶300克，蒜泥、盐、味精、酱油、醋、麻油各适量。

做法：先把紫苏叶择去杂物，用清水洗净，放入沸水锅内焯透，捞出，再用清水洗一洗，挤干水分，备用。将紫苏叶用刀切成段，直接放入盘内，加入蒜泥、精盐、味精、酱油、醋、麻油拌匀即可。嫩紫苏叶凉拌味道鲜美，而且利于身体对各种营养物质的吸收。

功效：行气和胃。

2. 紫苏花鲢汤

材料：花鲢1条，紫苏叶15克，生姜、大葱、料酒、食盐适量。

做法：紫苏叶洗净，大葱洗净切段；花鲢去鳞和内脏，洗净，放入烧热的油锅中,煎至两面微黄;加入适量热水,将姜片、葱段、料酒一起放入锅中,大火烧开后改小火,慢炖1小时,出锅前3分钟加入紫苏叶。最后加入食盐调味。

功效:醒脾开胃、益气养血。

3. 紫苏砂仁粥

材料:紫苏叶5克,紫苏梗5克,砂仁3克,小米50克。

做法:将紫苏叶、紫苏梗、砂仁这三种中药放入砂锅,加适量清水,大火煮沸,中火煮5分钟,去渣留汁。药汁放入砂锅,加适量清水大火煮沸,加入洗净的小米,煮沸后小火熬煮成粥。

功效:行气和胃、安胎,适用于妊娠呕吐、胃脘胀闷、不思饮食的人群。

4. 紫苏麻仁粥

材料:粳米100克,紫苏子10克,火麻仁15克。

做法:将紫苏子、火麻仁捣烂,加水研磨,纱布过滤取汁,与粳米同煮成粥。

功效:滋阴补虚、润肠通便。

5. 紫苏乌龙茶

材料:紫苏叶6片,乌龙茶3克,红糖适量。

做法:将紫苏叶、乌龙茶投入壶中,放入红糖,冲入适量开水,加盖焖5分钟即可。

功效:解表散寒、行气开胃。

6. 紫苏陈皮饮

材料：紫苏叶 15 克，陈皮 12 克，白扁豆 15 克，红糖适量。

做法：将紫苏叶、陈皮、白扁豆分别洗净，陈皮和白扁豆放入砂锅内，加适量清水，大火煮沸后改小火煮 15 分钟，加入紫苏叶，再煮 3 分钟，纱布过滤取汁，加入红糖调味。

功效：宽中理气、祛湿止泻。

7. 姜杏苏糖饮

材料：苦杏仁 10 克，紫苏子 10 克，生姜 10 克，红糖 10 克。

做法：将苦杏仁去皮、尖，捣烂；生姜洗净切小片。苦杏仁、生姜与紫苏子一起放入砂锅，加适量清水煮 20 分钟，去渣留汁，加入红糖搅匀，略煮片刻即可。

功效：正疏风寒、宣肺止咳。

8. 苏子粳米红糖水

材料：紫苏子 10 克，粳米 100 克，红糖适量。

做法：将紫苏子捣为泥，与粳米、红糖同入砂锅内，加水 800 克，煮至米汤稠为度。

功效：降气消痰、止咳平喘。每天早晚温热服食，5 天为一疗程，对咳喘效果较好。

车前草

引语:"车前草啊涩又苦,二八月里钻出土,挖回家里熬日月,不饿肚皮有它补。"在过去,车前草作为一种野菜,不仅招人喜爱,猪羊牛马也喜欢食用,故有"牛舌菜"之称。由于其生有肥厚的叶片,嫩时匍匐于地,渐大时竖起来,像极了猪八戒的招风耳,因此又被称为"猪耳菜"。

【中文名及别名】

中文名:车前草。

别名:车轮菜、牛舌菜、猪耳菜。

【食用渊源】

明代朱橚在《救荒本草》中是这样描绘车前草的食用方法的:"车轮菜,叶丛中心撺葶三四茎,作长穗如鼠尾。花甚密,青色,微赤。结实如葶苈子,赤黑色,生道旁,采嫩苗叶,煠熟,水浸去涎沫,淘净,油盐调食。"

有中药底子的车前草可茶,可汤,可凉拌蘸酱,可炒食甚至做馅蒸面,比如车前饼子。车前草切碎与小米、葱白、食盐煮粥,常服,可清热利湿。车前草的嫩叶剁碎,掺在玉米、糯米面中,加一点鸡蛋,油盐调味,和成馅,包成馅饼,美味可口。

【生长环境】

适应性强,生长在草地、河滩、沟边、草甸、田间及路旁,随处可见。

【识别要点】

车前科植物车前或平车前的干燥全草。一年生或二年生草本。直根长，具多数侧根，多少肉质。根茎短。叶基生呈莲座状，平卧、斜展或直立；叶片纸质，椭圆形、椭圆状披针形或卵状披针形，叶柄基部扩大成鞘状。花序梗有纵条纹，疏生白色短柔毛；穗状花序细圆柱状。花萼无毛，花冠白色，无毛。雄蕊着生于冠筒内面近顶端，同花柱明显外伸。蒴果卵状椭圆形至圆锥状卵形。种子椭圆形，腹面平坦，黄褐色至黑色；子叶背腹向排列。花期 5—7 月，果期 7—9 月。（见图 2-5、图 2-6）

图 2-5

图 2-6

【食用部位及采摘时节】

食用部位：嫩叶、种子。（见图 2-7、图 2-8）

图 2-7

图 2-8

采摘时节：车前草在春、夏、秋三季都可以采摘，在春季最嫩，可以整株食用，夏、秋季可以单独采摘叶子，也可以采摘整株。7—9 月可采摘车前子。

【保健功用】

中医认为车前草性味甘，性寒。归肝、肾、肺、小肠经。功能清热利尿通淋、祛痰、凉血、解毒。用于主治热淋涩痛、水肿尿少、暑湿泄泻、痰热咳嗽、吐血衄血、痈肿疮毒等症。《本草纲目》记载：“草及根气味甘、寒，无毒，治尿血，能补五脏，明目，利小便，通五淋。”

车前草在民间经过长期流传和医家的发掘整理，成为清热、利尿、祛疾、明目、凉血、解毒的要药。车前草或种子研粉，每日入睡前和早晨起床后用温开水冲服 1 匙，对习惯性便秘有一定功效。

【营养价值】

车前草营养价值丰富。其中含粗蛋白 14%左右，可作为人们植物源蛋白质的重要补充。含有丰富的必需氨基酸、支链氨基酸和鲜味氨基酸，其中支链氨基酸每百克蛋白中高达 2.97 克，占其氨基酸总量的 22.53%。

车前草与车前子中均含有大量的黏液质，此黏液质是由木糖、阿拉伯糖、鼠李糖、半乳糖、葡萄糖、半乳糖醛酸等组成的杂多糖，该多糖是一种部分发酵性膳食纤维，不仅具有润肠通便作用，还有降血脂、调节血糖的作用。

【食用方法】

1. 车前草芡实煲猪小肚

材料：车前草、芡实、猪肉、猪小肚、食盐各适量。

做法：车前草洗干净稍浸泡，芡实浸泡 2 小时左右，猪肉切块，猪小肚处理后切成小块。将以上材料一起下锅，加水武火煮沸后，改文火慢熬 2 小时，食用前再加入食盐调味。

功效：此药膳对膀胱炎、尿道炎、眼结膜炎、妇女因湿热所致的白带过多者有一定功效。

2. 车前茯苓茶

材料：车前子 3 克，茯苓 3 克，猪苓 3 克，人参 2 克，菊花 3 克。

做法：用 350 毫升水煎煮车前子、茯苓、猪苓、人参至水沸后，冲泡菊花饮用，也可直接冲饮。

功效：清热利尿、通淋泄浊，对尿频、尿急、尿无力、尿不尽、淋症、脾胃湿盛、内热上火者有一定功效。

3. 车前草饮

材料：车前草 100 克，红枣 30 克，枸杞、冰糖适量。

做法：车前草洗净，加半锅水开始煮。煮到沸腾时加入红枣和冰糖再次煮开，转小火继续煮 20 分钟，加入枸杞，煮 10 分钟左右即可。

功效：清热利湿、养肝滋阴。

4. 车前利湿茶

材料：车前草200克，姜1块，大枣30克，枸杞20克。

做法：车前草用清水洗干净，放入锅中，加姜块和1500毫升水，上火熬煮。大火煮到沸腾，加入大枣，大火再次煮开，转文火继续煮20分钟。最后加入枸杞，煮10分钟左右即可。

功效：清热利湿、养肝滋阴。

荠　菜

引语：民间有"三月三，荠菜赛仙丹""春风十里，不如荠菜半斤"的说法。先辈们总结这些话，意在让人们知道荠菜是一种非常珍贵的野菜。春季的荠菜口感最鲜嫩，营养也最佳，富含蛋白质、维生素和矿物质等，氨基酸种类也较齐全。荠菜含有丰富的膳食纤维，促进肠道健康的同时，又有健胃消食、明目降压等功效。

【中文名及别名】

中文名：荠菜。

别名：地皮菜、荠荠菜、荠儿菜。

【食用渊源】

早在《诗经》里便有"其甘如荠"的句子，辛弃疾则写过"春在溪头荠菜花"，苏东坡也盛赞："天然之珍，虽小甘于五味，而有味外之美。"春食荠菜是我国民间由来已久的传统饮食习俗。荠菜一般生长在田野山间，农家的房前屋后也随处可见。踏春郊游之际，随手采一些山间的荠菜，或凉拌，或做馅，或做汤，无论哪一种吃法，都会伴随着鲜美清香的荠菜味儿，让人胃口大开，整个身心和舌尖都感受到了春天的气息。

【生长环境】

作为一种春季时令野菜，荠菜大多长在山坡、田野、路边及庭院等地。

【识别要点】

一年或二年生草本，高 20～50 厘米。茎直立，有分枝，稍有分枝毛或单毛。基生叶丛生，呈莲座状，具长叶柄；叶片大头羽状分裂，长可达 12 厘米，顶生裂片较大，卵形至长卵形，侧生者宽 2～20 毫米，裂片 3～8 对，较小，狭长，呈圆形至卵形，先端渐尖，浅裂或具有不规则粗锯齿；茎生叶狭披针形，基部箭形抱茎，边缘有缺刻或锯齿，两面有细毛或无毛。总状花序顶生或腋生；花瓣白色，匙形或卵形，有短爪。短角果倒卵状三角形或倒心状三角形，扁平，无毛，先端稍凹，裂瓣具网脉。种子 2 行，呈椭圆形，浅褐色。花、果期 4—6 月。（见图 2-9、图 2-10）

图 2-9

图 2-10

【食用部位及采摘时节】

食用部位：嫩叶。（见图 2-11、图 2-12）

图 2-11

图 2-12

采摘时节：一般在春、夏、秋这三个季节采摘，以 2—3 月采挖的荠菜最为鲜嫩。

【保健功用】

荠菜性凉，味甘、淡。归肝经、脾经、膀胱经。功能有凉肝止血、平肝明目、清热利湿。临床用于治疗吐血、衄血、咯血、尿血、崩漏、目赤疼痛、眼底出血、高血压病、赤白痢疾、肾炎水肿等。现代药理实验也证实，荠菜具有多种医疗功能，它有良好的降血压、止血作用，对麻疹有良好的预防作用。

【营养价值】

荠菜不仅味美可口，而且营养丰富，含有蛋白质、脂肪、膳食纤维、碳水化合物、胡萝卜素、维生素 B_1、维生素 B_2、烟酸、维生素 E、维生素 C、钙、磷、铁、钾、钠、镁、锰、锌、铜和硒等成分。

每百克荠菜含水分 85.1 克、蛋白质 5.3 克、脂肪 0.4 克、碳水化合物 6 克、钙 420 毫克、磷 73 毫克、铁 6.3 毫克、胡萝卜素 3.2 毫克、维生素 B_1 0.14 毫克、维生素 B_2 0.19 毫克、烟酸 0.7 毫克、维生素 C 55 毫克，还含有黄酮甙、胆碱、乙酰胆碱等。

【食用方法】

1. 荠菜馄饨

材料：荠菜 240 克，虾仁 120 克，猪肉 120 克，面粉 300 克，淀粉、葱、姜、盐、酱油、蚝油、橄榄油、香油、花椒水等适量。

做法：先制作馄饨皮，取 300 克面粉、130 克冷水、适量淀粉、3 克盐，和一块稍硬些的面团，醒发 30 分钟，将面团擀得薄如纸后再切成三角形或梯形的小面皮。猪肉切丁，倒入酱油放置一会儿，鲜虾去皮去虾线切小块，葱、姜切细末，荠菜清洗干净，过沸水捞出切碎，倒入葱姜末和肉丁，加入虾仁和盐，倒入蚝油、橄榄油、香油和花椒水拌匀成馅。取馄饨皮包入适量馅，沸水煮熟即可。

功效：清热解毒、利水消肿。

2. 清炒荠菜

材料：荠菜 300 克，蒜瓣 2 个，油、食盐、蒜泥蚝油酱、鸡精适量。

做法：荠菜洗净控水，蒜瓣去皮后切末。锅中倒入油烧至七成热，放入蒜末爆香，加入荠菜大火快速翻炒，再加入食盐、蒜泥蚝油酱继续翻炒，待荠菜熟了加入少许鸡精即可。

功效：清热泻火，提高免疫力。

3. 荠菜粥

材料：荠菜、粳米适量。

做法：将荠菜洗净、切碎。将粳米淘洗干净后放入砂锅内，加入适量的清水小火煮粥。待粥快熟时将荠菜放入，稍煮一下即可。

功效：润肠通便、清热泻火、凉血止血。

4. 蒜泥拌荠菜

材料：荠菜、大蒜、白醋、生抽、盐、香油、鸡精各适量。

做法：荠菜择去干叶，洗净。起锅烧水，加入少许盐，放入荠菜焯一会儿，把荠菜捞出过凉水，控干水分。大蒜剥皮，捣成泥，蒜泥中调入盐、鸡精、白醋、香油、生抽，将调好的蒜泥倒入荠菜中拌匀即可。

功效：降血脂、抗疲劳、利尿消肿。

马齿苋

引语：马齿苋叶青、梗赤、花黄、根白、子黑，又称"五行草"。马齿苋既可入药，又可食用，是药食两用植物，是卫健委划定的78种药食同源的野生植物之一，被列入2008年北京奥运会的菜谱，被世界卫生组织列为最常用的药用植物之一。

【中文名及别名】

中文名：马齿苋。

别名：马齿菜、马苋菜、猪母菜、五行菜、瓜子菜、长寿菜。

【食用渊源】

马齿苋集保健、食用、药用、生态价值于一身，是一种优良的野生植物资源。我国古代就有采食马齿苋的习惯，因其营养价值丰富、风味独特，马齿苋逐渐走进寻常百姓家。马齿苋之名最早见于《新修本草》。《本草纲目》记载："马齿苋，处处园野生之。柔茎布地，细叶对生。六七月开细花，结小尖实，实中细子如葶苈子状。人多采苗煮晒为蔬。"《食疗本草》记载："延年益寿，明目。"

【生长环境】

生长于山坡草地、路旁、河岸沙地及田野之间，适应能力很强，分布广泛。

【识别要点】

一年生草本，肥厚多汁，无毛，高 10~30 厘米。茎圆柱形，下部平卧，上部斜生或直立，多分枝，向阳面常带淡褐红色。叶互生或近对生；倒卵形、长圆形或匙形，先端圆钝，有时微缺，基部狭窄成短柄，上面绿色，下面暗红色。花常 3~5 朵簇生于枝端；总苞片 4~5 枚，三角状卵形；萼片 2，对生，卵形；花瓣 5，淡黄色，倒卵形，基部与萼片同生于子房上；雄蕊 8~12，花药黄色；雌蕊 1，子房半下位，花柱 4~5 裂，线形，伸出雄蕊外。蒴果短圆锥形，棕色，盖裂。

种子黑色，直径约 1 毫米，表面具细点。花期 5—8 月，果期 7—10 月。（见图 2-13、图 2-14）

图 2-13

图 2-14

【食用部位及采摘时节】

食用部位：嫩叶及茎。（见图 2-15、图 2-16）

图 2-15

图 2-16

采摘时节：夏、秋季节。

【保健功用】

《本草纲目》记载马齿苋性寒、味酸，具有清热解毒之功效，治疗肠炎、痢疾、蛇虫咬伤、急性和亚急性皮炎等疾病。《中国药典》

记载马齿苋性味酸,寒。归肝、大肠经。功能清热解毒,凉血止血,止痢。用于热毒血痢、痈肿疔疮、湿疹、丹毒、蛇虫咬伤、便血、痔血、崩漏下血等症。

现代研究发现,马齿苋具有改善血液循环、提高人体免疫力、防治心血管疾病、抑制微生物生长等多重功效。

【营养价值】

马齿苋营养丰富,含有丰富的矿物质元素如钙、镁、钾、锌、铜、铁、锰、硒等,并且马齿苋的多糖、蛋白质、甾酮、总黄酮含量高,氨基酸种类齐全,富含 ω-3-不饱和脂肪酸、α-亚麻酸、β-亚麻酸,还含有萜类、生物碱,并含有去甲肾上腺素、褪黑激素等保健营养成分。每百克马齿苋中含碳水化合物 3 克、蛋白质 2.3 克、脂肪 0.5 克、粗纤维 0.7 克,且含水高达 90 克。

【食用方法】

1. 马齿苋蒸菜

材料:马齿苋、面粉、香油、盐、醋、蒜汁各适量。

做法:马齿苋提前洗净,沥干水分,切成段,将适量香油倒入菜中拌均匀,加适量盐拌均匀。加入适量面粉,边加边拌,至雪花状。上笼格,大火蒸 5 分钟左右。迅速将笼格离锅散热,加入醋、蒜汁即可。

功效:杀菌消炎、调节血糖、清热利湿。

2. 马齿苋馅饼

材料：马齿苋1000克，面粉300克，玉米油15克，食用油、盐、大蒜、鸡精、香油、蚝油适量。

做法：马齿苋择去老叶，清洗干净。锅中加水烧开，并加入适量油和盐，然后将马齿苋焯水2分钟，捞出过凉水备用。大蒜切成末，马齿苋挤干水分后切碎，一起放入碗中。淋上热油，再加入适量盐、鸡精、香油和少量蚝油增鲜，并拌匀备用。碗中加入300克面粉，1.5克盐，然后一半用75克的热水烫面，一半用80克的凉水和面，和至无干面粉状。再加入15克玉米油，将两部分面揉在一起，揉成面团。最后，在面团上抹点油锁住里面的水分，松弛20分钟。案板抹上适量油，取出醒发好的面团，直接揉成条，揪剂子，然后把剂子整圆，包入之前调好的馅儿，像包包子一样包好并收口，按成饼状，最后把饼擀大、擀薄。电饼铛预热后刷油，放入饼，再在饼的表面也刷上油，开大火，盖上盖子烙2分钟，看到饼鼓起来后翻面，煎至两面金黄酥脆即可。

功效：杀菌消炎、调节血糖、清热利湿。

3. 炒马齿苋

材料：马齿苋500克，色拉油、盐、味精、姜、大蒜、香油各适量。

做法：马齿苋择去根部和老叶，洗净，切成3厘米长的段，入沸水锅内焯水后捞出，沥干水分；姜、蒜均切末。锅置旺火上，放入色拉油，烧至六成热，下姜、蒜末煸香，再放入马齿苋，加盐、味精翻炒均匀，淋香油，出锅装盘即可。

功效：抗菌抑菌、降血脂。

蒲公英

引语：“小小伞兵随风飘，飞到东来飞到西，降落路边田野里，安家落户扎根基。”蒲公英味甘平，其性无毒，当是解热凉血之要药。清代王孟英《随息居饮食谱》言蒲公英“嫩可为蔬，老则入药”，蒲公英亦蔬亦药，具养生疗疾功效，是药食两用的佳品。

【中文名及别名】

中文名：蒲公英。

别名：黄花地丁、婆婆丁、黄花三七、黄花苗、奶汁草。

【食用渊源】

蒲公英因其对人体无毒害，以及嫩草、幼草口感清爽，向来被作为野菜食用，如唐代《新修本草》谓“蒲公草，叶似苦苣，花黄，断有白汁，人皆啖之”，宋代《本草图经》说“蒲公草……春初生苗，叶如苦苣，有细刺，中心抽一茎，茎端出一花，色黄如金钱，断其茎有白汁出，人亦啖之”，明代李时珍在《本草纲目》中将蒲公英由过去本草的草部中移入菜部，指出“黄花地丁（蒲公英），江之南北颇多，他处亦有之……四散而生，茎、叶、花、絮并如苦苣，但小耳，嫩苗可食”。蒲公英不但是营养丰富的野菜、蔬菜，而且具有多种养生保健和医疗药用效果，自古以来就被人们认定是亦蔬亦药。

【生长环境】

常生长于山坡草地、路旁、河岸沙地及田野之间。

【识别要点】

蒲公英为菊科植物蒲公英、碱地蒲公英或同属数种植物的干燥全草。多年生草本。全株含白色乳汁，被白色疏软毛。叶根生，排列成莲座状；具叶柄，柄基部两侧扩大呈鞘状；叶片线状披针形，倒披针形或倒卵形，先端尖或钝，基部狭窄，下延，边缘浅裂或作不规则羽状分裂，裂片齿牙状或三角状，全缘或具疏齿，裂片间常夹生小齿，基部渐狭成叶柄，叶柄及主脉常带红紫色，疏被蛛丝状白色柔毛或几无毛。（见图 2-17、图 2-18）

图 2-17

图 2-18

【食用部位及采摘时节】

食用部位：嫩叶。（见图 2-19、图 2-20）

图 2-19

图 2-20

采摘时节:春、夏、秋时节。春季采蒲公英的嫩苗;夏、秋季将采收的蒲公英择洗干净,晾干后可常年食用。

【保健功用】

蒲公英性味苦、甘,寒。归肝、胃经。具有清热解毒、消肿散结、利尿通淋的功效。用于疔疮肿毒、乳痈、瘰疬、目赤、咽痛、肺痈、肠痈、湿热黄疸、热淋涩痛等症。

现代药理学研究表明,蒲公英具有降血糖、降血脂、保护胃肠、通利小便等药理作用,此外蒲公英叶还具有疏通乳腺管之阻塞、促进乳汁分泌的作用。

【营养价值】

蒲公英营养全面,含有丰富的蛋白质、脂肪和碳水化合物,膳食纤维,钙、磷、铁等矿物质,维生素的含量也很高。蒲公英钾含量较高,是高钾低钠植物,对于促进人体生长发育、供给能量需求、确保生理平衡、维护身体健康大有裨益。研究发现,蒲公英含有 17 种氨基酸,其中 7 种为人体必需氨基酸。其蛋白质比柿子高 1 倍,维生素C含量比西红柿高50%，含铁量与菠萝一样多。每百克鲜蒲公英含水分84.0克、蛋白质4.8克、脂肪1.1克、碳水化合物5.0克、膳食纤维2.1克、胡萝卜素7.35毫克、维生素B_1 0.03毫克、维生素B_2 0.39毫克、维生素C 47.0毫克、维生素B_3 1.9毫克、钙216.0毫克、磷93.0毫克、铁10.2毫克。

【食用方法】

1. 蒲公英粥

材料：蒲公英30克，粳米100克。

做法：蒲公英装入纱袋内，煎30分钟后捞出，汁中加入洗净的粳米，再加温水适量，同煮成粥。

功效：清热解毒、消肿散结。

2. 蒲公英茵陈红枣汤

材料：蒲公英50克，茵陈50克，大枣10枚，白糖50克。

做法：先将蒲公英、茵陈洗净，切碎，同大枣共入锅中，水煎，去渣取汁，加入白糖稍煎片刻即成，饮汤吃枣。

功效：清热解毒、利水祛湿。

3. 蒲公英酱牛肉

材料：蒲公英1500克，鲜牛肉2000克，姜、蒜、香菜、味素、酱油适量，花椒、大料少许。

做法：把蒲公英择洗干净用开水焯一下，沥水晾到八分干，切段；香菜切段，姜、蒜捣碎；牛肉切丁煮熟。把蒲公英、牛肉分层摆放到瓷罐中，再把姜蒜末盖到上面，放入佐料袋、味素；倒入酱油把菜肉浸没，密封，放到地窖或冰箱冷藏室，腌渍2~3天，即可食用。

功效：利尿、缓泻、退黄疸等。

4. 蒲公英蜂蜜通便茶

材料：蒲公英60~90克，蜂蜜适量。

做法：将蒲公英水煎取汁100~200毫升，加蜂蜜化开，代茶饮用。儿童用量酌减。

功效：清解胃热、润肠通便。适用于儿童热结便秘所致的大便干结、食欲缺乏、口苦口臭，或身热、手心发热、夜卧不安的调理。

5. 蒲公英消炎清咽茶

材料：蒲公英30克，金银花15克，薄荷6克，胖大海5枚，甘草6克。

做法：将所有材料共研粗末，置保温杯中，冲入沸水，盖焖10分钟后，代茶频频饮服。每日1剂。

功效：清热解毒、祛风利咽。适用于急性咽喉炎、扁桃体炎、感冒等所致的咽喉红肿疼痛，干咳无痰或咳吐黄痰，声嘶音哑，伴见发热，或有恶风、口渴喜饮、大便秘结的辅助治疗。

地　肤

引语：“扫帚荠，青簇簇，去年不收空倚屋。但愿今年收两熟，场头扫帚扫尽秃。”扫帚苗是常见植物地肤的别名，可见地肤青嫩时食用，老干后制帚由来已久。

【中文名及别名】

中文名：地肤。

别名：扫帚菜、扫帚苗、地肤苗、地麦、孔雀松。

【食用渊源】

《本草纲目》记载："地肤嫩苗，可作蔬茹，一科数十枝，攒簇团团直上，性最柔弱，故将老时可为帚，耐用。"地肤既可食用又可作为药用，是一种很好的药食同源的保健性野菜。常见的吃法是包饺子、蒸包子、做菜团子，也可以焯熟过水后凉拌食用。

【生长环境】

生长于荒野、田边、路旁，栽培于庭院。

【识别要点】

一年生草本，高 50~150 厘米。茎直立，多分枝，淡绿色或浅红色，生短柔毛。叶互生；无柄；叶片狭披针形或线状披针形，先端短渐尖，基部楔形，全缘，上面绿色无毛，下面淡绿色，无毛或有短柔毛；通常有 3 条主脉；茎上部叶较小，有一中脉。花单个或 2 个，生于叶腋，集成稀疏的穗状花序；花小，黄绿色，果期背部生三角状横突起或翅，有时近扇形。胞果扁球形，果皮与种子离生，包于花被内。种子 1 颗，扁球形，黑褐色。花期 6—9 月，果期 8—10 月。（见图 2-21、图 2-22）

图 2-21

图 2-22

【食用部位及采摘时节】

食用部位:嫩茎叶。(见图 2-23、图 2-24)

图 2-23

图 2-24

采摘时节:春、夏季割取嫩茎叶。

【保健功用】

地肤具有清热解毒、利尿通淋的功效。地肤所含的维生素和胡萝卜素是菠菜的几倍,这两种物质是天然的抗氧化剂,对心血管有很好的保护作用,能有效地防止游离基对人体组织所造成的伤害,有抗衰老、防治冠心病、预防肥胖的功能。地肤中所含的维生素 C 能抑制亚硝胺形成,故地肤有一定的防癌作用。

【营养价值】

地肤营养丰富。据测定,地肤粗蛋白含量较高(20.2%),每千克地肤中富含微量元素铜 19.3 毫克、锌 45.3 毫克、锰 109.8 毫克、铁 285 毫克以及胡萝卜素 57.0 毫克、维生素 C 390 毫克等。

【食用方法】

1. 蒸扫帚苗

材料:扫帚苗 500 克,面粉 200 克,食用油、盐、蒜、味精适量。

做法:将采摘的扫帚苗清洗干净,沥干水分。在扫帚苗中加入面粉,一边加一边搅拌,使每个叶子上都沾上面粉。锅中烧水,水开后在蒸笼上放一层蒸笼布,把搅拌好的扫帚苗均匀地铺上去。大约蒸 10 分钟,关火取出。将蒜剥干净后剁成蒜泥,倒入扫帚苗中,再加入适量的盐搅拌均匀。在锅中放油,烧热后直接将油淋在扫帚苗上,搅拌均匀后加入适量的味精调味,即可食用。

功效:利尿消炎、清热解毒。

2. 扫帚苗馅饼

材料:扫帚苗、面粉、葱、油、食盐、鸡精各适量。

做法:将采摘的扫帚苗清洗干净,沥干水分,剁碎。准备大葱 1 根,剁成葱花,与扫帚苗碎混匀,加入食盐、鸡精等混匀调馅儿。

面粉加水揉成面团,醒发 10 分钟,搓成大小均匀的面剂子,用擀面杖擀大、擀薄。将擀薄的饼放到面板上,然后舀适量调好的馅儿,均匀地平铺在薄饼上。取同样大小的薄饼盖在上面,把边缘接口处捏合一下防止露馅。电饼铛预热后刷油,放入饼,再在饼的表面也刷上油,开大火,盖上盖子烙 2 分钟,饼鼓起来后翻面,煎至两面金黄酥脆即可。

功效:清热解毒、利尿消炎。

茵　陈

引语:谚语有曰:“三月茵陈四月蒿,五月六月当柴烧。”这说的就是茵陈的特性。三月春暖,茵陈茎叶开始生长,嫩而有香气,既可以食用,药效又高;到了四月,茎叶渐渐老去,食用价值和药效渐渐消失,茵陈便成了蒿草。五六月份的时候,茵陈长成了灌木状,不能食用,只能当柴火使用了。

【中文名及别名】

中文名:茵陈。

别名:绵茵陈、白蒿、绒蒿、茵陈蒿。

【食用渊源】

茵陈在中药里属于一味利水渗湿药,是一种春季里常见的野菜。《本草拾遗》记载了茵陈名称的由来:“虽蒿类,苗强,经冬不死,更因旧根而生,故曰因陈,后加蒿字也。”《本草纲目》载:“茵陈,昔人多莳为蔬。今淮扬人，二月二日犹采野茵陈苗，和粉面作茵陈饼食之。"茵陈幼嫩叶可食。3—4 月采嫩苗，入沸水焯透，清水漂洗后可凉拌、炒食，也可炸食，做粥及菜米团、炒茶等。

【生长环境】

多生于山坡、河岸、砂砾地。

【识别要点】

茵陈为菊科植物滨蒿或茵陈蒿的干燥地上部分。多年生草本，茎直立，木质化，表面有纵条纹，紫色，多分枝，老枝光滑，幼嫩枝被有灰白色细柔毛。叶片 2~3 回，羽状裂或掌状裂，小裂片线形或卵形，密被白色绢毛；花枝上的叶无柄，羽状全裂，裂片呈线形或毛管状，基部抱茎，绿色，无毛，头状花序多数，密集成圆锥状。花期 9—10 月，果期 11—12 月。（见图 2-25、图 2-26）

图 2-25

图 2-26

【食用部位及采摘时节】

食用部位:幼苗嫩叶(见图 2-27、图 2-28)

图 2-27

图 2-28

采摘时节:春、秋季。春季采收的习称“绵茵陈”,秋季采割的称“茵陈蒿”。

【保健功用】

茵陈性味苦、辛,微寒。归脾、胃、肝、胆经。具有清利湿热、利胆退黄功效。用于黄疸尿少、湿温暑湿、湿疮瘙痒等症。

【营养价值】

每百克茵陈含蛋白质 3.37 克、脂肪 0.52 克、碳水化合物 4.20 克、粗纤维 6.06 克。富含维生素 C 和维生素 B,并含有人体所需的多种微量元素和 20 余种氨基酸。

【食用方法】

1. 瘦肉茵陈汤

材料：猪肉（瘦）150克，茵陈30克，鲜白茅根60克，细盐、味精少许。

做法：猪肉洗净切丝备用。茵陈、白茅根洗净煎煮，去渣取汁。将汁与猪肉同入锅中，炖至熟烂，加细盐、味精调味即成。

功效：去湿热、利黄疸，可用于急性黄疸型肝炎的辅助调理。

2. 茵陈粥

材料：茵陈30~60克，粳米50~100克，白糖适量。

做法：茵陈洗净，煎煮5~10分钟，去渣取汁。汁中倒入粳米后，再加水适量，煮粥至熟。

功效：清热利湿、退黄疸，可用于急性黄疸型肝炎的辅助调理。

3. 茵陈车前饮

材料：绵茵陈100克，车前草100克（或车前子20克），白糖适量。

做法：将绵茵陈、车前草洗净，加水1000毫升，煮至800毫升。如用车前子，要用纱布袋单包入锅。每次服100毫升，加白糖10克，每日2~3次。

功效：清热利湿。

4. 麦芽茵陈茶

材料：大麦芽50克，茵陈50克，橘皮25克。

做法：将所有材料用量加大15倍，共研为末。每次取60~80

克，置保温瓶中，冲入沸水适量，焖 15 分钟后，代茶频饮，每日 1 剂。

功效：疏肝理气、消食退黄，用于急、慢性肝炎后遗症的调理。

5. 茵陈茶

材料：茵陈、绞股蓝、决明子各 5 克。

做法：将所有材料放入茶杯中，冲入沸水适量，浸泡片刻，代茶频饮。每日 1 剂。

功效：清热利湿。适用于高血压、高脂血症、高尿酸血症、脂肪肝、口苦便秘、头目眩晕等。

苋　菜

引语：苋菜属于石竹目苋科苋属，广泛种植于我国。它富含蛋白质、抗坏血酸、维生素、胡萝卜素及微量元素，营养丰富，具有抗菌抗炎、抗疟疾、抵御癌症、保护肝脏、改善糖尿病的功效，有“长寿菜”之称。

【中文名及别名】

中文名：苋菜。

别名：苋、青香苋、红苋、雁来红。

【食用渊源】

我国食用苋菜的历史悠久，苋菜最早出现在《诗经》中，有“蒉，赤苋”。《齐民要术》提到人苋，但并未将之列入蔬菜，苋菜还属于采集的野菜。明朝时的《救荒本草》曾写道：“采嫩叶炸熟，水淘洗净，以油盐调食之。若晒干炸食尤佳，无毒。"

【生长环境】

生长于山坡草地、路旁、河岸沙地及田野之间，适应能力很强，分布广泛。

【识别要点】

苋菜为苋科植物苋的茎叶，一年生草本。茎直立，分枝较少，枝绿色，高80~150厘米。叶互生；叶片菱状广卵形或三角状广卵形，钝头或微凹，基部广楔形，叶有绿色、红色、暗紫色或带紫斑等。（见图2-29、图2-30）

图2-29

图2-30

【食用部位及采摘时节】

食用部位：嫩叶。（见图2-31、图2-32）

采摘时节：苋菜生长较快，每当春雨过后，在房前屋后、路旁场边，娇嫩的幼苗便星星点点贴地而生，这时采摘嫩叶，清香嫩滑。

图 2-31

图 2-32

【保健功用】

苋菜药用价值很高，被誉为“补血菜”“长寿菜”。其性味甘凉，无毒，能补气、除热，通九窍，有清热解毒、收敛止泻的作用。用于细菌性痢疾、肠炎、红崩白带、痔疮等症。

现代研究发现，苋菜叶里含有高浓度的赖氨酸，可补充谷物氨基酸组成的缺陷，适宜婴幼儿和青少年食用，对生长发育具有良好的作用。苋菜对于用牛奶、奶粉等哺喂的婴幼儿有益，既能增加丰富的维生素、矿物质，又能帮助消化，疏通大便。

【营养价值】

苋菜营养丰富，蛋白质含量较高，含有均衡的氨基酸种谱，其中含有 8 种必需氨基酸和高水平的赖氨酸，这与其他谷物相比是独一无二的。此外，它富含纤维素、维生素，钙、铁等矿物质。它不含麸质，高含量的优质蛋白质和不饱和脂肪酸是其作为辅食的优势之一。可以将苋菜添加到日常饮食中，以补充日常营养需求，可作为一种营养保健品。每百克苋菜嫩茎叶约含有蛋白质 1.8 克、脂肪 0.3 克、碳水化合物 5.4 克、粗纤维 0.8 克、钙 180~200 毫克、磷 46 毫克、铁 3.4~4.8 毫克、锌 0.64 微克、胡萝卜素 1.87~1.95 毫克、维生素 B_1 0.04 毫克、维生素 B_2 0.13~0.16 毫克、维生素 C 28~38 毫克、维生素 E 1.54 毫克、维生素 K 78 微克、烟酸 0.3~1.1 毫升。

【食用方法】

1. 苋菜粳米粥

材料：苋菜 150 克，粳米 50 克，盐、味精各适量。

做法：苋菜择洗干净，入沸水中焯一下，取出剁为碎末。粳米淘洗干净，以水煮米做粥如常法。粥成，入苋菜加煮 5 分钟，加盐、味精即成。

功效：清热解毒、抗菌止痢。

2. 清炒苋菜

材料：苋菜 300 克，盐、味精、葱、食用油各适量。

做法：苋菜洗净，下沸水中焯一下，取出晾凉，切为寸段，葱切丝备用。炒锅上火，倒入食用油，油烧至五成热时将葱丝投入，炒出香味。投入苋菜翻炒两下，放盐、味精各少许，拌炒后即可出锅。

功效：清热解毒、养肝明目、补充钙质。

3. 粉丝炝苋菜

材料：苋菜 200 克，粉丝 20 克，食用油 30 克，盐、味精、酱油、葱各适量，香油少许。

做法：苋菜洗净，入沸水中焯一下，捞出控去水分，切为寸段，葱切丝备用。粉丝入温开水中浸泡半小时，柔软后切为10厘米长的段备用。炒锅上火，倒入食用油，油温升至七成热时，入葱丝、粉丝同炒，入盐、酱油煸炒几下，入味精、香油翻炒后，倒入菜盘中，调拌均匀即成。

功效：清热解毒、养肝明目、补充钙质。

4. 蒜味绿苋叶

材料：绿色苋菜叶300克，大蒜4瓣，盐、醋、味精、香油各适量。

做法：苋菜叶洗净，入沸水中焯一下，取出放入凉开水中冷却，捞出控去水分。大蒜用刀拍为碎块，剁为末备用，味精以温水浸泡。将苋菜叶与蒜末同入盘中，加入盐、醋、味精水、香油拌匀即成。

功效：清热解毒、利湿、散瘀。

麦瓶草

引语：麦瓶草之所以叫这个名字，主要是因为它的萼筒在结果的时候，基部膨大，呈卵形，上部则狭缩就像是一个瓶子的形状，又因为它与小麦一块生长在麦田，所以就叫麦瓶草。

【中文名及别名】

中文名：麦瓶草。

别名：面条菜、面条棵、广皮菜、净瓶、米瓦罐、瓢咀、甜甜菜、麦石榴、油瓶菜、羊蹄棵。

【食用渊源】

麦瓶草集食用、药用及观赏价值于一体。麦瓶草也叫面条菜，因幼苗叶片的形状酷似面条而得名。麦瓶草食用部位为肥嫩的叶片和幼茎，味甜鲜美，富含维生素、氨基酸和人体所需的多种矿物质，营养丰富；麦瓶草全草可入药，有润肺止咳、凉血止血的功效。

【生长环境】

分布于海拔3000米以下的田野、路旁、草地或麦田中。

【识别要点】

麦瓶草为石竹科植物麦瓶草的全草，我国约有120种麦瓶草。它的花萼在结果时呈长锥形，上部窄缩，基部膨大，远看就如花瓶一样长在茎叶顶端。一年生草本，高20～60厘米。全株被腺毛。主根圆柱细长。茎直立，节明显而膨大，叉状分枝。基生叶匙形；茎生叶对生，椭圆披针形或披针形，先端钝尖，基部渐窄，全缘。花期4—5月，果期5—6月。（见图2-33、图2-34）

图2-33

图2-34

【食用部位及采摘时节】

食用部位:叶片、幼茎。(见图 2-35、图 2-36)

图 2-35

图 2-36

采摘时节:春季采摘最为新鲜。

【保健功用】

麦瓶草全草及嫩茎叶入药。性淡、味苦,凉。有养阴清热、凉血止血之功效,可治阴虚骨蒸、咳嗽、咯血、吐血、崩漏等症。

【营养价值】

麦瓶草的营养成分较为齐全,含有人体必需的多种营养成分。其一些维生素、氨基酸以及矿质元素的含量,较常见野生和栽培蔬菜含量要高,具有一定的营养价值。

麦瓶草至少含有 18 种氨基酸,其中人体必需氨基酸 8 种。还含有维生素 C、维生素 B_1、维生素 B_2、维生素 E 和胡萝卜素等。其中维生素 C 的含量和蒲公英接近,高于栽培菠菜和胡萝卜。

每百克麦瓶草嫩茎叶含水分 88 克,蛋白质 4.5 克,脂肪 0.5 克,碳水化合物 3 克,钙 153 毫克,磷 55 毫克,铁 4.5 毫克,胡萝卜素

4.16毫克,维生素 B_1 0.02毫克,维生素 B_2 0.27毫克,烟酸1.6毫克,维生素C 49毫克。

【食用方法】

1. 粉蒸面条菜

材料:面条菜、面粉、玉米油、盐、芝麻酱、蒜泥、生抽、香醋各适量。

做法:面条菜择去根部,清洗干净,控去水分。加入2勺玉米油,再加一小匙盐,用筷子调拌均匀,放入5勺面粉,拌匀,使菜叶的表面均匀地裹上面粉。开火,待锅中水烧开后把菜散放于蒸屉中蒸制,蒸3分钟左右即可关火,开盖取出。再把芝麻酱用少量凉开水澥开,加入蒜泥、醋、生抽调匀,即成蘸汁。等面条菜放凉,即可蘸汁食用。

功效:润肺止咳、清热解毒、促进消化。

2. 凉拌面条菜

材料:面条菜、盐、香醋、油酥花生碎、熟芝麻仁、油辣椒、香油、蒜泥各适量。

做法:面条菜择洗干净,焯水后放入凉开水中冷却,捞出控去水分。将面条菜中加入盐、香醋、油酥花生碎、熟芝麻仁、油辣椒、香油、蒜泥,拌匀即可。

功效:润肺止咳、清热解毒、促进消化。

艾　叶

引语：《诗经·采葛》中有“彼采艾兮，一日不见，如三岁兮”，写的就是采集艾叶的场景。我国古人早在3000多年前就以鲜艾入膳，形成了独特的中国艾草饮食文化。最新的中国药食同源品类已经把艾草纳入87个种类之一。

【中文名及别名】

中文名：艾叶。

别名：艾、艾蒿、家艾、冰台。

【食用渊源】

“食艾”即以艾草为食。艾草饮食主要包括饮用和食用两个方面。艾草饮用包括艾草茶、艾草汁和艾草酒。《本草纲目》《名医别录》和《药性论》中均有艾草茶的记载，艾草茶主要以艾叶泡成，也可以艾叶与其他材料混和泡成。艾草食用可分为三大类：其一是清明时节的艾草青团、艾糍粑、清明粿、绿艾团子；其二是艾草面条、艾草水饺和艾草点心；其三是艾草荤食、艾草素食和素荤两用共三类食谱及各类艾草药谱。

【生长环境】

艾草生命力极强，适应性广，普遍生长于路旁、草地、荒野等处。通常向阳、排水顺畅且湿润肥沃的土壤即能生长。

【识别要点】

艾叶为菊科植物艾的叶。独有的香味、暗绿色的叶片、叶背面的白色绒毛是识别艾的重要标志。多年生草本，高 45~120 厘米。茎直立，圆形，质硬，基部木质化，被灰白色软毛，从中部以上分枝。单叶，互生；茎下部的叶在开花时即枯萎；中部叶具短柄，叶片卵状椭圆形，羽状深裂，裂片椭圆状披针形，边缘具粗锯齿，上面暗绿色，稀被白色软毛，并密布腺点，下面灰绿色，密被灰白色绒毛；近茎顶端的叶无柄，叶片有时全缘完全不分裂，披针形或线状披针形。（见图 2–37、图 2–38）

图 2–37

图 2–38

【食用部位及采摘时节】

食用部位：叶子。（见图 2–39、图 2–40）

图 2-39

图 2-40

采摘时节：一年四季均可食用。尤其在春末夏初的 5 月份，最适合采摘艾叶。

【保健功用】

艾叶性味辛、苦，温；有小毒。归肝、脾、肾经。具有温经止血、散寒止痛的功效；外用祛湿止痒。常用于吐血、衄血、崩漏、月经过多、胎漏下血、少腹冷痛、经寒不调、宫冷不孕等症；外治皮肤瘙痒。

现代医学研究表明，艾叶入药后能护肝利胆，对人的脾脏、肝脏和肾脏有着显著的疗养功效，还能有效地帮助人体抵抗病毒和抑制细菌。此外，它还具有镇咳、平喘、镇静、抗过敏以及止血消炎等功效，通过将艾叶制作成艾灸笔，点燃后熏于相关的穴位，能够辅助治疗多种人体疾病。

在每年传统的端午节时期，家家户户都在门上插上艾草，以此来祈福辟邪，利用它独特的生物活性成分和馨香气味驱赶蚊虫。

【营养价值】

科学研究表明,艾叶营养丰富,具体成分有碳水化合物、脂肪、蛋白质、纤维素、维生素 A、维生素 C、维生素 E、胡萝卜素、硫胺素、核黄素、烟酸、胆固醇、镁、钙、铁、锌、铜、锰、钾、磷、钠等。新鲜的艾叶可以当作野菜食用,但不宜常吃。

【食用方法】

1. 艾草青团

材料:艾叶、糯米粉、豆沙馅各适量。

做法:采摘新鲜艾叶洗净后焯水,把苦味焯去,榨汁备用。将艾叶汁加热,倒入糯米粉中,和成面团。将面团分成面剂子,捏成饼状,加入豆沙馅,包成团状,如小孩拳头大小,制成青团生品。将青团生品放置于蒸锅中,开锅后大火蒸 10 分钟左右,关火再焖 2 分钟取出即可。

功效:活血化瘀、除湿。

2. 艾叶煮鸡蛋

材料:艾叶、鸡蛋各适量。

做法:艾叶洗净,与鸡蛋入砂锅内,加水煮约 5 分钟,捞出鸡蛋即成。鸡蛋煮熟后不要马上捞出来,在艾叶水里泡一会儿。等水凉了,捞出鸡蛋来,剥皮再吃,效果更佳。

功效:温经散寒止痛。适用于肾阳虚衰型老年腹泻。

益母草

引语:《诗经》记载:“中谷有蓷,暵其湿矣。有女仳离,啜其泣矣。”蓷,即益母草。益母草是妇科圣药,根、茎、花、叶、实皆可入药,《诗经》中常借助描写一颗长势不好的益母草来表达一位被离弃的女子心声。

【中文名及别名】

中文名:益母草。

别名:小胡麻菜、益母艾、红花艾、茺蔚。

【食用渊源】

在《神农本草经》中,益母草被列入上品,始称茺蔚,又名益明、大札。因其功能宜于妇人,所以名唤益母草。鲜嫩的益母草可用于做汤以及炒食等,具有丰富的营养价值。《本草纲目》记载,益母草能“活血,破血,调经,解毒。治胎漏产难……尿血……小便不通”,并说:“益母草之根、茎、花、叶、实,并皆入药,可同用。若治肿毒疮疡,消水行血,妇人胎产诸病,则宜并用为良。”

【生长环境】

多生长于草地以及田埂与山野荒地等,以向阳处居多。

【识别要点】

益母草为唇形科植物益母草的新鲜或干燥地上部分。一年生或二年生草本,高 60~100 厘米。幼苗期无茎,基生叶圆心形。花前期茎呈方柱形，上部多分枝，四面凹下成纵沟；表面青绿色；质鲜嫩，断面中部有髓。叶交互对生，有柄；叶片青绿色，质鲜嫩，揉之有汁；下部茎生叶掌状3裂，上部叶羽状深裂或浅裂成3片，裂片全缘或具少数锯齿。花期6—9月，果期7—10月。（见图2-41、图2-42）

图2-41

图2-42

【食用部位及采摘时节】

食用部位：幼嫩茎叶。（见图2-43、图2-44）

图2-43

图2-44

采摘时节：春季至初夏花前期采收。

【保健功用】

益母草性味苦、辛，微寒。归肝、心包、膀胱经。具有活血调经、利尿消肿、清热解毒的功效。用于治疗月经不调、痛经经闭、恶露不尽、水肿尿少、疮疡肿毒。

现代医学研究证明，益母草对多种动物的子宫具有兴奋作用，因此可用来治疗月经不调、产后子宫出血、子宫复旧不全等。因益母草有活血化瘀的功能，可改善和增加肾脏的血流量，从而使肾小球和肾小管得到修复再生，使纤维化逆转，以消除炎症和尿中蛋白，恢复肾脏功能，因此可作为肾脏病人的疗效食品。

但是需要注意的是，益母草忌用铁器烹制食用。而且益母草过量服用会出现突感全身乏力、酸麻疼痛，下肢呈瘫痪状态；重者伴有大汗、血压下降，甚至虚脱等不良反应。所以，益母草不宜当保健品长期服用，用药须在医师处方或指导下使用。

【营养价值】

据测定，每百克益母草嫩茎叶中含蛋白质 5.8 克、脂肪 1.1 克、粗纤维 2.5 克、胡萝卜素 18 毫克、维生素 C 28.5 毫克、维生素 B_1 0.25 毫克、维生素 B_2 0.16 毫克。除此之外，它还含有丰富的矿物质、益母草碱、益母草宁、精氨酸、芸香苷等成分，营养价值较高。

【食用方法】

1. 益母草煲鸡蛋

材料:益母草 30~60 克,青皮鸡蛋 1~2 个,红糖适量。

做法:益母草用清水反复洗净,并浸泡 15 分钟,之后与鸡蛋一起放进砂锅内;加入清水 450~500 毫升,煮 20 分钟,捞起鸡蛋放入清水中片刻,去蛋壳后再放进砂锅内;加入适量的红糖,煎煮片刻即可。

功效:治疗气血瘀滞之痛经、月经不调、产后恶露不止、功能性子宫出血等症状。

2. 益母瘦肉汤

材料:猪肉(瘦)320 克,益母草 40 克,蜜枣 60 克。

做法:猪肉洗净,将猪肉、益母草、蜜枣放入锅中;加水 3 碗,煲 2 小时,即可饮用。

功效:活血调经、消热解毒。

3. 凉拌益母草

材料:益母草嫩茎叶 300 克,胡萝卜 50 克,木耳 50 克,银耳 50 克,蒜、盐、醋、味精、香油各适量。

做法:将益母草嫩茎叶洗干净,于开水中焯透,取出沥干,切段,放碗内。再将胡萝卜片、木耳、银耳入开水中焯透,也放碗内。最后加盐、味精、醋、香油、蒜泥拌匀,装盘即可。

功效:活血调经、利尿消肿、清热解毒。

附地菜

引语：“开小碧花，瓣如粟米，小叶绿苞，相间开放。”正因为这种植物附地而生，所以叫作附地菜。

【中文名及别名】

中文名：附地菜。

别名：鸡肠、鸡肠草、地胡椒、伏地菜、山苦菜、地瓜香。

【食用渊源】

附地菜为紫草科附地菜属的植物，其叶子细小，茎秆也非常细。《本草纲目》记载：“鸡肠，生下湿地，三月生苗，叶似鹅肠而色微深，茎带紫，中不空，无缕，四月有小茎，开五出小紫花，结小实，中有细子，其苗作蔬，不如鹅肠。苏恭不识，疑为一物，误矣。生嚼涎滑，故可掇蝉。”《食疗本草》记载：“亦可生食，煮作菜食益人。”

【生长环境】

生长于田野、路旁、荒草地或丘陵林缘、灌木林间。

【识别要点】

一年生草本。茎基部略呈淡紫色，通常自基部分枝，纤细，直立或斜升，具平伏细毛。单叶互生；下部叶无柄，上部叶具短柄或长柄；叶片匙形、椭圆形或长圆形，先端圆钝或尖锐，基部宽楔形或渐狭，两面均具糙伏毛。聚伞花序成总状，顶生，幼时卷曲，后渐次伸长；花小,通常生于花序后侧;叶状苞片 2~3;花梗短;花萼 5,裂片倒卵形,平展喉部具 5 枚白色或带黄色附属物;花冠筒与花冠裂片等长。小坚果 4,斜三棱锥状四面体形,黑色有光泽,表面具细毛,有短柄,背面具 3 锐棱。花期 4—6 月,果期 7—9 月。(见图 2-45、图 2-46)

图 2-45

图 2-46

【食用部位及采摘时节】

食用部位:嫩苗。(见图 2-47、图 2-48)

图 2-47

图 2-48

采摘时节:4 月下旬至 5 月初。

【保健功用】

附地菜性味辛、苦,平。归心、肝、脾、肾经。具有行气止痛、解毒消肿的功效。主治胃痛吐酸、痢疾、热毒痈肿、手脚麻木。外用治跌打损伤、骨折。

【营养价值】

附地菜含水分86.4%、粗纤维1.23%、粗蛋白0.33%、粗脂肪0.40%、维生素C 0.09%、总糖0.18%。另外含有丰富的钙、镁、锰、锌、铜、钠、钾等元素。每克附地菜干重含钙3毫克、镁0.73毫克、锰16.5毫克、锌11.79毫克、铁141.5毫克、铜4.7毫克、钠61.3毫克、钾41.03毫克。

【食用方法】

1. 附地菜粥

材料:附地菜、大米各适量。

做法:将大米淘洗干净,放入汤锅,加水,熬煮半个小时,最后加入淘洗干净的附地菜,小火熬煮10分钟即可。

功效:温中健胃、消肿止痛、止血。

2. 凉拌附地菜

材料:附地菜、木耳、蒜汁、盐、醋、香油各适量。

做法:将附地菜择洗干净,用开水焯一下,沥干水。木耳泡发后,跟附地菜拌在一起。加入蒜汁、香油、盐、醋等,美味的凉菜就可以食用了。

功效:健胃止血、消除肿痛。

3. 蒸附地菜

材料:附地菜、面粉、蒜汁各适量。

做法:将附地菜洗净,撒入适量面粉,搅拌均匀,上锅蒸熟,最后淋上蒜汁即可。

功效:健胃止血、消除肿痛。

小　蓟

引语:二月生苗,叶嫩色黄,高二三尺许,开红、蓝花,有刺,俗呼为鸡脚刺,处处有之。

【中文名及别名】

中文名:小蓟。

别名:刺儿菜、曲曲菜、青青菜、荠荠菜、刺角菜、鸡脚刺。

【食用渊源】

"蓟蓟芽,满地爬。咬我的手,磕你的牙。"童谣中说的"蓟蓟芽"就是小蓟,俗称刺儿菜。小蓟作为药食两用的植物资源有着悠久的应用历史。《食疗本草》曾写道:"取菜煮食之,除风热。根,主崩中,又女子月候伤过,捣汁半升服之。金疮血不止,挼叶封之。夏月热,烦闷不止,捣叶取汁半升服之。"

【生长环境】

喜温暖湿润气候,耐寒、耐旱。适应性较强,生长于山坡、河旁或荒地、田间。

【识别要点】

小蓟为菊科刺儿菜属植物刺儿菜的地上部分。小蓟幼茎有白色蛛丝状毛，叶片有细密的针刺，这也许就是它小名“刺儿菜”的由来。多年生草本。根状茎长。茎直立，高 30~80 厘米，茎无毛或被蛛丝状毛。基生叶花期枯萎；下部叶和中部叶椭圆形或椭圆状披针形，先端钝或圆形，基部楔形，通常无叶柄，上部茎叶渐小，叶缘有细密的针刺或刺齿，全部茎叶两面同色，无毛。头状花序单生于茎端，雌雄异株；瘦果椭圆形或长卵形，略扁平；冠毛羽状。花期 5—6 月，果期 5—7 月。（见图 2-49、图 2-50）

图 2-49

图 2-50

【食用部位及采摘时节】

食用部位：嫩苗茎叶。（见图 2-51、图 2-52）

采摘时节：春夏时节，趁鲜采摘。

图 2-51

图 2-52

【保健功用】

性味甘、苦，凉。归心、肝经。具有凉血止血、祛瘀消肿的功效。用于衄血、吐血、尿血、便血、崩漏下血、外伤出血、痈肿疮毒等症。现代药理研究表明，小蓟具有止血、凝血、抗菌、抗炎以及对心血管系统的作用等多种药理活性。

需要注意的是，脾胃虚寒而无瘀滞者忌服。《本草经疏》记载，小蓟不利于胃弱泄泻及血虚极、脾胃弱不思饮食之证。《品汇精要》记载，忌犯铁器。

【营养价值】

每百克小蓟中含水分 90 克、蛋白质 3.2 克、碳水化合物 3.0 克；含矿物质 377.95 毫克，其中磷 45.21 毫克、铁 3.54 毫克；含胡萝卜素 3.90 毫克、核黄素 0.30 毫克、抗坏血酸 39.0 毫克。小蓟的氨基酸有 17 种，种类齐全，每百克小蓟中含氨基酸 2.50 克。其中半胱氨酸含量最高。

小蓟是高钙低磷的野生可食植物，每百克小蓟中钙含量378毫克，比大白菜每百克含钙61毫克要高出许多。小蓟维生素K_1的含量极高，每百克中维生素K_1含量达6.60毫克，显著高于一般绿色蔬菜，是菠菜的5倍，西红柿的16.5倍，土豆的82.5倍。小蓟维生素E的含量达到每百克2.34毫克，而大白菜的维生素E含量每百克仅0.92毫克。

【食用方法】

1. 凉拌小蓟

材料：小蓟嫩苗或嫩茎叶200克，菠菜200克，姜、精盐、酱油、米醋、味精、芝麻油各少许。

做法：小蓟择洗干净，用沸水焯一下，断生，用冷水过凉，捞出，挤去水分，切成3厘米长的段；菠菜择洗干净，沸水稍烫，捞出，冷水过凉，挤去水分，切成3厘米长的段；姜洗净，剥去皮，剁成细末。将小蓟、菠菜、姜末放入盆中；芝麻油、精盐、酱油、米醋、味精兑在一起搅匀，倒入盆中，调拌均匀，装盘。

功效：凉血止血、散瘀消肿。

2. 小蓟蒸包

材料：精面粉500克，小蓟500克，水发粉丝100克，豆腐干100克，精盐、味精、甜面酱、葱花、姜末、五香料、芝麻油、高汤、干酵母各适量。

做法：小蓟择洗干净，用沸水烫至七成熟，捞入清水中，再捞出挤去水分，剁成碎末；水发粉丝、豆腐干分别切成末；小蓟末、粉丝末、豆腐干末一起放入盆里拌匀，再搅入高汤，加入葱花、姜末、甜面酱、五香粉、芝麻油、精盐、味精,搅拌均匀即成为馅料;精面粉放入盆里,加入用温水调匀的干酵母,拌匀和成面团,揉匀,盖上湿布放于温暖处进行发酵。稍揉,搓成长条,揪成面剂,逐个擀成圆面皮,包入馅料,捏成提褶包子生坯。入屉用旺火沸水蒸熟即成。

功效:凉血止血、消肿止痛。

3. 小蓟窝窝头

材料:小蓟 200 克,玉米面 100 克,面粉 50 克,小苏打、温水适量。

做法:将小蓟用清水冲洗干净,然后浸泡 30 分钟左右,除去杂质和农药;锅中倒入适量清水烧沸,将小蓟放入锅中焯水,捞出沥干水分,切碎备用;将玉米面和面粉倒入面盆,加入切碎的小蓟、小苏打,加入温水将面粉揉制成面团,发酵 15 分钟左右;取出发酵好的面团,用手揉搓,揉搓成大小均匀的窝窝头形状;将准备好的窝窝头面团放在蒸锅里,开大火蒸 15 分钟左右,即可关火。不要立即出锅,焖 3 分钟左右出锅即可。

功效:凉血止血、消肿止痛。

紫花地丁

引语:北方早春时节,天气依旧寒冷,但这时却有一种开着紫花的小草早早地在春风中翩翩起舞了,这就是我们非常常见的一种药食同源的植物——紫花地丁。紫花地丁,其"紫花"者,因花色得名;而"地丁",是因其花顶生于花梗,根部圆锥形,扎入地下,如钉直立,故得此名。

【中文名及别名】

中文名：紫花地丁。

别名：野堇菜、光瓣堇菜、地丁草。

【食用渊源】

关于紫花地丁之名最早出现的时期，今人普遍认为始自唐代《千金方》，然经考证，《千金方》中并无此记载。而金元时期张从正的《儒门事亲》在方中率先使用了“紫花地丁”之名，并云其别名米布袋，似指豆科米口袋属某种植物。

堇菜属植物在我国常常被通称为地丁、紫花地丁，很早就作为中药使用，本属植物均具清热解毒、散瘀消肿、消炎等功效。

【生长环境】

紫花地丁在全国各地除青海和西藏外，均有分布。常生长于荒地、路旁、山坡草地、灌丛等处。

【识别要点】

紫花地丁为堇菜科堇菜属中多年生草本植物。多年生草本，无地上茎。根状茎短，垂直，节密生，有数条细根。叶基生，莲座状；下部叶片较小，呈三角状卵形或狭卵形，上部叶片较大，呈圆形、狭卵状披针形或长圆状卵形，先端圆钝，基部微心形、平截或楔形，边缘具较平的圆齿，两面无毛或被短毛，果期叶片长达 10 余厘米，宽可达 4 厘米，叶柄在花期通常长于叶片 1～2 倍，上部具较宽之翅。花紫堇色或淡紫色，稀白色，喉部色较淡并带有紫色条纹；花梗通常多数与叶片等长或高于叶片，中部有 2 枚线性小苞片；萼片卵状披针形，基部附属物短，末端圆或平截；花瓣倒卵形或长圆状倒卵形，内面基部无毛或有须毛，里面有紫色脉纹；距细管状，末端圆。蒴果长圆形，无毛；种子卵球形，淡黄色。花、果期 4—9 月。（见图 2-53、图 2-54）

图 2-53

图 2-54

【食用部位及采摘时节】

食用部位：嫩苗、嫩叶。（见图 2-55、图 2-56）

图 2-55

图 2-56

采摘时节:春、夏均可采收。

【保健功用】

紫花地丁是民间重要的传统用药,资源丰富,药用历史悠久,临床应用广泛。中医学认为,本品性味苦、辛,寒,有清热解毒、凉血消肿、清肠止泻之功,适用于黄疸、痢疾、乳腺炎、目赤肿痛、咽炎等;外敷治跌打损伤、痈肿、毒蛇咬伤等。

此外,药理研究表明,紫花地丁醇提物、水煎剂对钩端螺旋体、堇色毛癣菌等有抑制作用。紫花地丁所含黄酮甙类及有机酸对金色葡萄球菌、猪巴氏杆菌、大肠杆菌、链球菌和沙门氏菌都有较强的抑菌作用,所富集微量元素对人体内多种酶的活性有作用,对核酸蛋白的合成,免疫过程,细胞繁殖都有直接或间接的作用,可促进上皮细胞修复,使细胞分裂增加,对生物体的免疫功能起到调节作用。

【营养价值】

紫花地丁含有黄酮及其甙类、酚性成分、糖类、氨基酸、多肽及蛋白质、皂苷、植物甾醇、鞣质、花青素、香豆素、丹宁酸、皂苷、类胡萝卜素、酚酸等多种有效成分。此外还含有铜、铁、锰、锌、镁等多种微量元素。

每百克紫花地丁干物质中含有蛋白质 29. 27 克,含可溶性糖 2. 38 克、氨基酸 33. 95 毫克及多种维生素。每克干紫花地丁干重含铁 354. 8 微克、锰 30. 3 微克、铜 22. 2 微克、锌 55. 8 微克、钡 11. 3 微克、锶 87. 3 微克、铬 69. 0 微克、钼 60. 0 微克、钴 9. 7 微克、钙 3. 9 微克。

【食用方法】

1. 凉拌紫花地丁

材料:紫花地丁嫩苗 300 克,芝麻 30 克,辣椒油、蒜茸、酱油、米醋、精盐、味精各适量。

做法:紫花地丁嫩苗择洗干净,沸水焯过捞出,清水浸泡 4~6 小时,取出控水,切成段,放入盆中。芝麻炒熟,加入精盐制成芝麻盐。把辣椒油、蒜茸、酱油、米醋、精盐、味精加进紫花地丁中,调拌均匀,撒上芝麻盐,装盘即成。

功效:清热解毒、凉血消肿。

2. 紫花地丁冬菇汤

材料:紫花地丁嫩苗 200 克,水发冬菇 20 克,水发海米、细粉丝、鲜汤、精盐、料酒、味精、芝麻油各适量。

做法:紫花地丁择洗干净,沸水焯过捞出,换清水浸泡 4 小时,取出,控干水分,切成段;冬菇择洗干净,切成条;细粉丝沸水泡发,捞出,控干水分,切成 10 厘米长的段。炒勺置旺火上,放入鲜汤、海米、冬菇、细粉丝、精盐、料酒,汤沸后撇去浮沫,投入紫花地丁,略煮片刻,放入味精,淋上芝麻油,出勺,装入汤碗即成。

功效:清热解毒、消肿凉血。

3. 紫花地丁拌腐竹

材料:紫花地丁嫩苗 200 克,水发腐竹 100 克,花椒油、精盐、米醋、味精、蒜茸、姜末各适量。

做法:紫花地丁嫩苗择洗干净,沸水焯过断生,捞出,换清水浸泡 4 小时,取出,控干水分,切成段,放入盆中;腐竹切成 3 厘米长的段，再顺刀切两下，放在紫花地丁上，加入花椒油、精盐、米醋、味精、蒜茸、姜末，调拌均匀，装盘即成。

功效：清热解毒、消肿。

4. 紫花地丁粥

材料：紫花地丁 30 克，大米 100 克，白糖适量。

做法：将紫花地丁择净，放入锅中，加清水适量，浸泡 5~10 分钟后，水煎取汁，加大米煮粥。或将紫花地丁择洗干净，切细，待粥熟时调入粥中，放入白糖，再煮沸即成。

功效：清热解毒、消肿止痛。

十香菜

引语：十香菜是留兰香的一种多年生草本植物，属唇形科薄荷属中的绿薄荷，又叫麝香菜或香菜。其香味浓醇，青绿耐瞻，既可做花卉种植，又可作为鲜菜调味。

【中文名及别名】

中文名：十香菜。

别名：留兰香、绿薄荷、香花菜、土薄荷。

【食用渊源】

古时将十香菜称为"草中君子"。因为十香菜虽然隐身百草之中却蚊蝇不落，害虫不生，清而不浅，香而不腻，只需一捧黄土即可生机勃勃。十香菜具有强身健体、醒脑提神的功效，更能够健脾开胃。十香菜更多的还是作为美食和调味品出现在餐桌上，而且是一种传承古老的美食。在中原地区，无论是熬粥还是做凉菜、拌面条，处处都有十香菜的影子。十香菜同时还是一种外用药，如果被蚊虫叮咬，用十香菜捣烂外敷或擦抹，可止痒消肿。

【生长环境】

十香菜主要分布在黄河以南、淮河流域，多生长于山坡草地、路边、溪旁、河滩地等，其根系非常发达，耐水冲刷。

【识别要点】

多年生草本植物。茎直立或斜升，无毛或近无毛，呈四棱状，紫色或绿色。叶卵状长圆形或长圆状披针形，对生或轮生，基部宽楔形至近圆形，边缘具不规则的锯齿，草质，表面绿色，背面灰绿色，侧脉4对，与中脉表面凹下而在背面隆起带白色。轮生花序生于茎或分枝顶端，呈间断但向上密集的圆柱形穗状花序；小苞片线形，长过于花萼，无毛；花梗无毛；花萼钟形，外面无毛，具腺点，内面无毛，5脉，不显著。花期7—9月。(见图2-57、图2-58)

图2-57

图2-58

【食用部位及采摘时节】

食用部位：茎叶。（见图 2-59、图 2-60）

图 2-59

图 2-60

采摘时节：四季均可采摘。

【保健功用】

十香菜性辛、凉，无毒，具有健脾消食、利尿通便、强身健体、醒脑开智、疏风散热、和中理气、消炎止血、收敛等功效。对于风热感冒、伤风咳嗽、头疼目赤、咽喉肿痛等具有一定疗效。十香菜还具有抗人体病原真菌的活性和抗炎活性。

【营养价值】

十香菜含有丰富的人体必需元素钾、钙、镁、铁等矿物质成分和微量元素。

【食用方法】

吃面条的时候把蒜和十香菜的叶子一起捣碎,拌在面条里,味道极佳,闻起来有一种淡淡的薄荷香味,尤其在炎炎的夏季,更是一种清凉。也可直接凉拌食用。

1. 清炒十香菜

材料:十香菜、油、葱、生抽、盐、鸡精各适量。

做法:把十香菜洗净以后切成段状,在炒锅中放食用油加热,再放入适量葱花炒香,随后放入切好的十香菜快速翻炒,放少量生抽和盐,炒匀以后加鸡精调味即可。

功效:健脾消食、利尿通便。

2. 十香菜汤

材料:十香菜、鸡蛋、盐、鸡精各适量。

做法:在锅中放入适量清水加少量鸡精,然后把十香菜洗净、切碎,等锅中的水烧开后,再把十香菜放到锅中,加热煮开,取两个鸡蛋磕开,调匀入锅中,制成蛋花,加少量盐调味,调匀以后就能出锅食用。

功效:健脾开胃、强身健体、醒脑开智。

薄　荷

引语:"牡丹架暖眠春昼,薄荷香浓醉晓晴。"诗中描写的就是薄荷沁人心脾的香气。薄荷作为一种常见的食材,也是中药解表剂之一,为药食同源的食材。薄荷对环境的适应性很强,分布广泛，野生与栽培均有，其中以江苏产者质量最优，为“道地药材”。薄荷除了作为药食同源的食材外，还可作为观赏植物栽培，兼具很高的观赏价值。

【中文名及别名】

中文名：薄荷。

别名：蕃荷、苏薄荷、家薄荷。

【食用渊源】

薄荷是一种药食同源的中草药品种，在食用的同时可药用。薄荷始见于《唐本草》，苏颂谓：“薄荷处处有之，茎叶似荏而尖长，经冬根不死，夏秋采茎叶暴干。”李时珍认为它就是西汉杨雄《甘草赋》中的茇括。在《本草纲目》中记载为：“薄荷，人多栽莳。二月宿根生苗，清明前后分之……入药以苏产为胜。”

【生长环境】

薄荷适宜在温暖潮湿、阳光充足和雨量充沛的环境中生长。

【识别要点】

薄荷，唇形科多年生宿根草本植物，株高 30～100 厘米。薄荷的茎分地上茎与地下根茎。根茎细长的节上着生气生根，贮藏大量的水分与养分，是很好的繁殖材料；地上茎基部四棱形，稍倾斜向上直立；叶对生，椭圆形或披针形，叶缘有锯齿，两面有毛和油腺；花小，唇形，淡紫色，轮生在叶腋内；坚果暗紫棕色。花期 6—9 月，果期 10 月。（见图 2-61、图 2-62）

图 2-61

图 2-62

【食用部位及采摘时节】

食用部位:嫩茎、叶。(见图 2-63、图 2-64)

图 2-63

图 2-64

采摘时节:每年 6—10 月。

【保健功用】

薄荷味辛,性凉。归肺、肝经。具疏散风热、清利头目、利咽、透疹、疏肝行气之功效;薄荷常与菊花同用治疗风热感冒;与牛蒡子配伍使用治疗风温初起；与金银花、连翘三药同用治疗外感风热或温病初起所致的发热、微恶寒、头痛、口渴、咽痛等症；亦可与桔梗同用治风热上攻所致的咽喉肿痛等症。

薄荷脑、薄荷油为主药成分或配方药的中成药或西药配方，且广泛用于驱风、防腐、消炎、镇痛、止痒、健胃等药品中。

【营养价值】

薄荷的营养价值很高，每百克干薄荷中，含水分 9.6 克、蛋白质 6.8 克和纤维 31.1 克，能提供 870.7 千焦的热量。鲜茎叶含挥发油约 1%，干茎叶含挥发油 1.3%～2%。挥发油中含左旋薄荷脑 77%～87%、L-薄荷酮 8%～12%及醋酸薄荷酯约 3%。此外薄荷中铝、铁、钠、锌等含量也较高。

【食用方法】

1. 薄荷粥

材料：鲜薄荷 30 克（或干品 15 克），粳米 150 克，冰糖适量。

做法：清水 1 升，加入鲜薄荷（或干品），用中火煎成约 0.8 升，冷却后捞出薄荷留汁。粳米煮粥，待粥将成时，加入薄荷汁及少许冰糖，煮沸即可。

功效：清心怡神、疏风散热、增进食欲、帮助消化。

2. 薄荷豆腐

材料：豆腐 2 块，鲜薄荷 50 克，鲜葱 3 根。

做法：将所有材料放入锅中，加入 2 碗水，煎至水减半即可。

功效：可治疗夏日伤风鼻塞、打喷嚏、流鼻涕等症。

3. 薄荷鸡丝

材料:薄荷梗、鸡胸脯肉、鸡蛋、葱、姜、淀粉、盐、料酒、味精、花椒油各适量。

做法:将鸡胸脯肉切成细丝,加蛋清、淀粉、盐拌匀待用。薄荷梗洗净,切成段。锅中油烧至五成热,将拌好的鸡丝倒入过油。另起锅,加底油,下葱、姜末,加料酒、薄荷梗、鸡丝、盐、味精略炒,淋上花椒油即可。

功效:消火解暑。

4. 薄荷甜品

材料:薄荷叶、元宵、鸡蛋、凤梨罐头、糖各适量。

做法:准备两只锅,各放半锅水加热。将薄荷叶用滤茶袋包好,放入一只锅中煮约 20 分钟,取出薄荷包不用,锅中加入糖至溶化后改小火。另一只锅水煮沸放入元宵,打入鸡蛋改中火煮熟,元宵浮起后取出放入薄荷甜汤内,再放入凤梨罐头,即可食用。

功效:利咽解郁。

5. 薄荷酒

材料:薄荷油 10 克,米酒、黄酒各 50 毫升。

做法:将薄荷油与米酒、黄酒兑在一起,早晚空腹饮用。

功效:清凉抗疲。

6. 薄荷糕

材料:糯米、绿豆各 500 克,薄荷叶 15 克,白糖 25 克,桂花少许。

做法：先将绿豆煮至烂熟，再加入白糖、桂花和切碎的薄荷叶做成馅，备用。把糯米焖熟，放入盒内晾凉，然后用糯米饭包豆沙馅，用木槌压扁即成。

功效：疏风散热、清咽利喉。

7. 薄荷冰

材料：薄荷、冰糖各适量。

做法：将 4 碗清水倒入锅中煮开，加入薄荷、冰糖再煮 5 分钟，放凉。将薄荷水放入冰箱冻成冰粒，即可。

功效：清凉利咽。

荷　叶

引语：“接天莲叶无穷碧，映日荷花别样红。”南宋诗人杨万里的这句诗被广为传诵。在普通百姓的生活中，荷叶有各种各样的用途。比如“不摘荷花摘荷叶，饭包荷叶比花香”，古人把荷叶当作最天然的包装材料；“疏索柳花碗，寂寥荷叶杯”“石榴枝上花千朵，荷叶杯中酒十分”，将荷叶用作杯盏，别有一番意趣。另外，著名的江南名吃“叫花鸡”就用荷叶和黄泥包裹焖烤鸡肉，清香不腻。

【中文名及别名】

中文名：荷叶。

别名：莲叶。

【食用渊源】

中国早在3000多年前就已栽培莲,自古以来人们就把荷叶当作有药用功效的珍贵食材。现今在浙江及辽宁均发现有碳化的古莲子,可见其历史之悠久。《本草纲目》《随息居饮食谱》《中国药茶配方大全》等古今药(食)学典籍认为:莲芯及荷叶具有清心火、平肝火、泻脾火、降肺火以及清热养神、降压利尿、敛液止汗、止血固精等功效。秦汉时代,先民们就将荷花、荷叶做成茶作为滋补药用。荷花出尘离染,清洁无瑕,人们多以荷花"出淤泥而不染,濯清涟而不妖"的高尚品质作为激励自己洁身自好的座右铭。荷叶是药食同源的中药,很多食疗药膳中都用荷叶作为辅料,取其清香,增味解腻。也常用来包裹菜肴,如荷叶蒸鸡或荷叶饭等。

【生长环境】

主要种植区分布在长江、黄河、珠江流域,尤以湖南、湖北、福建、浙江等南方各省为盛。

【识别要点】

多年水生草本;根状茎短粗。叶纸质,心状卵形或卵状椭圆形,长5~12厘米,宽3.5~9厘米,基部具深弯缺,约占叶片全长的1/3,裂片急尖,稍开展或几重合,全缘,上面光亮,下面带红色或紫色,两面皆无毛,具小点;叶柄长达60厘米。花直径3~5厘米;花梗细长;花萼基部四棱形,萼片革质,宽披针形或窄卵形,长2~3.5厘米,宿存;花瓣白色,宽披针形、长圆形或倒卵形,内轮不变成雄蕊;雄蕊比花瓣短,花药条形。浆果球形,为宿存萼片包裹;种子椭

圆形，黑色。花期6—8月，果期8—10月。（见图2-65、图2-66）

图2-65

图2-66

【食用部位及采摘时节】

食用部位：嫩叶。（见图2-67、图2-68）

图2-67

图2-68

采摘时节：夏、秋二季。

【保健功用】

荷叶是去油减脂的中药材。传统医学认为荷叶苦涩，平。归肝、脾、胃经。具有清热解暑、升发清阳、凉血止血的作用。现代研究表明，荷叶具有降血压、降血脂、抗心律失常、抗氧化和抗衰老等药理作用。其主要活性成分为黄酮类和生物碱类物质。

【营养价值】

荷叶的化学成分复杂，含有生物碱、黄酮、精油、鞣质、维生素C、酒石酸、枸橼酸、苹果酸、草酸等，其中生物碱和黄酮类化合物的生物活性较高。荷叶中的荷叶碱和类黄酮物质，对人体内的脂肪具有一定的分解作用，同时，荷叶中含有大量的膳食纤维，可以加速人体肠道的自主运动，助便排毒。

通常干品荷叶的香气要比新鲜荷叶浓郁得多，是因为干制后成分浓缩。烹饪中包裹菜点烹调以干荷叶为多，通过以蒸为主的加热，荷叶的香气成分充分挥发，形成特有的风味。需要注意的是，荷叶的食用也要有度，不可过量或长期食用，尤其是对于体瘦虚弱之人，更不可多食。

【食用方法】

1. 荷叶粥

材料：粳米100克，鲜荷叶1张，冰糖适量。

做法：鲜荷叶用清水洗净，加水煎汁，去渣，倒入洗净的粳米，煮成粥，加入冰糖融化，趁温热时服用。

功效：降血压，降血脂，清暑利湿。

2. 荷叶茶

材料：绿茶3克，荷叶15克。

做法：荷叶洗净后切成细丝，放入锅里，加水煎汁。绿茶放入杯中,冲入煎好的荷叶汁,盖上盖子焖3分钟即可。

功效:去油腻,排油减脂。

3. 荷叶饭

材料:大米500克,猪油100克,新鲜荷叶1张,虾肉、叉烧肉、瘦猪肉、烧鸭肉、冬菇、鸡蛋各适量。

做法:将大米洗净,与猪油搅拌均匀,放入适量清水,在锅内隔水蒸熟。然后取出米饭摊开晾凉,保持松散。将虾肉、叉烧肉、瘦猪肉、烧鸭肉、冬菇等切成小丁,炒熟;鸡蛋煎熟切片,再混合做馅,拌入米饭中,用新鲜荷叶包裹,放入笼中用大火蒸熟即可。

功效:清热散瘀、健脾利湿。

荆　芥

引语:荆芥是个时令菜,夏天的餐桌上最寻常的吃食之一就是荆芥。荆芥原产我国,为一年生草本植物,蔬菜中属于绿叶菜类,以嫩的叶茎供食用,有特殊的异香味。

【中文名及别名】

中文名:荆芥。

别名:假苏、姜芥、菥蓂、香荆芥、线芥、棱杆蒿、山薄荷、小茴香。

【食用渊源】

荆芥,作为蔬菜或佐料食用,在我国已有1300多年的历史,北魏《齐民要术》中已有记载。李时珍的《本草纲目》一书写道:"叶似落藜而细,蜀中生啖之……皆因气味辛香如苏、如姜、如芥也。"

【生长环境】

多生长于宅旁或灌木丛中,海拔一般不超过2500米。

【识别要点】

植株高20~70厘米,芳香。茎直立,四棱形,多分枝,常带紫色,密被柔毛。叶对生,具细柄;卵形或卵状披针形,先端钝尖,基部楔形,边缘有疏锯齿或全缘,下面有腺点。轮伞花序簇集成间断的顶生总状花序;花小,花萼管状,先端5裂,最上面一片最大,圆菱形,其余4片较小,呈锐三角形。花期6—8月,果期7—9月。(见图2-69、图2-70)

图2-69

图2-70

【食用部位及采摘时节】

食用部位:嫩茎、叶。(见图 2-71、图 2-72)

图 2-71

图 2-72

采摘时节:通常在 5—9 月。

【保健功用】

荆芥味辛,性微温。归肺、肝经。荆芥的功效与作用是解表散风、透疹消疮。用于治疗感冒、头痛、麻疹、风疹、疮疡初起等症。荆芥辛散气香,入肺经长于发表散风,而且微温不烈、药性和缓,是发散风寒药中药性最为平和之品。

现代研究表明,荆芥主要成分有胡薄荷酮、薄荷酮、异薄荷酮和异胡薄荷酮,另外还含有黄酮类化合物、荆芥醇等。药理学发现,荆芥可解热抗炎、抗病毒、抗肿瘤、抗过敏、抗氧化、镇痛。荆芥炭可使出血时间缩短,荆芥穗有一定的抗补体作用。

【营养价值】

荆芥含有挥发油、黄酮、萜类、有机酸以及微量元素等多种化学成分。荆芥的茎叶含有较为丰富的维生素和微量元素，嫩茎叶可凉拌，做调味品或做汤，清香可口，增进食欲，利喉。鱼虾中放入洗净切碎的荆芥叶，可去腥。

【食用方法】

1. 荆芥拌黄瓜

材料：荆芥、黄瓜、盐、蒜瓣、香油、美极鲜味汁、香醋各适量。

做法：荆芥摘下叶子洗净，用淡盐水浸泡数分钟。蒜瓣捣碎，加入盐、香醋、美极鲜味汁、香油，混合成适合个人口味的料汁。黄瓜洗净去皮拍碎，料汁浇在荆芥和黄瓜上，拌匀即可。

功效：解热镇痛、祛火解暑。

2. 蒸荆芥

材料：荆芥、面粉、蒜汁、麻油、麻酱、盐各适量。

做法：将荆芥切去根部和茎基老茎，洗净嫩茎叶，切成 5~10 厘米的段，加入适量面粉拌匀，上笼蒸 10 分钟，然后装盘，加上蒜汁、麻油、麻酱、盐等调料调匀后即可食用。

功效：健脾开胃、抗炎镇痛。

3. 荆芥炒鸡蛋

材料：荆芥、鸡蛋、花生油、盐、生抽、红椒各适量。

做法：鸡蛋打散备用，荆芥择洗干净，将蛋液倒入荆芥，搅匀。花生油烧热，倒入荆芥蛋液，炒至两面金黄，加入适量盐和生抽，放入红椒，翻匀关火即可。

功效：健脾开胃、抗炎镇痛。

打碗花

引语:《诗经》中有“我行其野,言采其葍”,其中的“葍”指的就是打碗花。如今,山东人称打碗花依然是“葍子苗”。

【中文名及别名】

中文名:打碗花。

别名:葍子苗、斧子苗、面根膝、兔儿苗、小旋花。

【食用渊源】

打碗花在古时候被称为“救荒菜”,目前有些山区的老百姓依然采摘它的嫩茎叶来食用。打碗花当野菜吃,最早出现在《救荒本草》中。《救荒本草》是明代朱橚亲自负责编写的一部植物图谱。朱橚看到饥荒导致民不聊生,很多人都在采摘野草野菜吃,但有些却是有毒的,于是就编写了《救荒本草》,希望能在关键时刻帮助民众。在这本书中,对于打碗花是这样记载的:“葍子花俗名打碗花,一名兔儿苗,一名狗儿秧,幽蓟间谓之燕葍根,千叶者呼为缠枝牡丹,亦名穰花……开花状似牵牛花,微短而圆,粉红色。其根甚多,大者如小筋粗,长一二尺,色白。味甘,性温。”

【生长环境】

打碗花喜阳光,喜湿润、肥沃、排水良好的土壤,常群生,出现单一的小片群落。生于田间、路旁及草地,由于茎不能直立,所以常借助缠绕性状攀附于其他物体上，在无攀缘物的情况下则匍匐生长。

【识别要点】

具有直根和根状茎，根圆锥状棕褐色，嫩根白色，质脆易断，直根入土较深，根茎横生，茎蔓状，多自基部缠绕或匍匐分枝，茎具白色乳汁，有细棱无毛。叶互生具长柄，上部叶片三角状戟形，通常二浅裂，侧裂片开展，中裂片披针形或卵状三角形顶，顶端尖锐，基部叶片长圆状心形，全缘，两面无毛。花单生于叶腋，花冠漏斗状，淡粉色至淡粉红色，花梗棱角，苞片2，卵圆形或宽卵形，包住花萼，萼片5，紧挨苞片，基部膨大有细鳞毛。蒴果卵圆形，成熟时开裂，有种子4颗，卵圆形至倒卵形，黑褐色，背面拱形革质，表面粗糙。花期5—8月，果期8—10月。（见图2-73、图2-74）

图2-73

图2-74

【食用部位及采摘时节】

食用部位：茎叶及根。（见图 2-75、图 2-76）

图 2-75

图 2-76

采摘时节：夏季采收全草。

【保健功用】

《陆川本草》记载，打碗花“性凉、味淡”，根茎具有活血通乳、健脾利湿、利尿、泻下之功效，用于治疗跌打损伤、胃痛、小便不利、妇女白带等症，鲜花能止牙齿疼痛。《本草纲目》记载：“花：甘；根：辛。温，无毒。”“去面皯黑色，媚好益气。根：主腹中寒热邪气，利小便。久服不饥轻身。续筋骨，合金疮。捣汁服，主丹青、小儿毒热。补劳损，益精气。”现代研究表明，打碗花具有降血糖作用。

【营养价值】

打碗花的根状茎富含淀粉，可供食用，也可酿酒、制饴糖。打碗花含有丰富的膳食纤维和胡萝卜素，其中含有的抗坏血酸含量远高于一般的蔬菜和水果,甚至可以和高抗坏血酸含量的柑橘、辣椒相媲美。每千克打碗花中的胡萝卜素含量为 52.8 毫克,比白菜每千克含 2.5 毫克高出 20 倍,比菠菜每千克含 29.2 毫克高出近 2 倍。还含有钾、钙、钠、镁、磷以及人体必需的微量元素。

【食用方法】

1. 凉拌打碗花

材料:打碗花、蒜泥、香醋、生抽、麻油各适量。

做法:准备新鲜的打碗花,去掉老叶后用清水洗净,再入沸水焯 2 分钟,取出以后用冷水降温,降温以后取出沥干水分。再将适量的蒜泥、香醋以及生抽全部放入打碗花中调匀,最后淋上麻油即可。

功效:健脾益气、活血调经。

2. 打碗花炒鸡蛋

材料:打碗花、鸡蛋、盐各适量。

做法:把鲜嫩的打碗花洗净,切成碎末放到干净的碗中,将鸡蛋磕入碗中,加少量清水以及适量盐调匀。炒锅中放油,加热后把调好的蛋液入锅,炒成块状即可。

功效:健脾开胃、调理便秘。

3. 打碗花海米汤

材料:打碗花、豆腐、海米、清汤、盐、鸡精、麻油各适量。

做法:把打碗花洗净,去掉老叶切成段状,再将豆腐切成小块,与打碗花一起入锅,加适量清汤和少量盐,再加入适量的海米一起煮开,之后开小火煮 3~5 分钟,加入鸡精和麻油调味,即可出锅。

功效：促进消化、止痛健脾。

4. 打碗花烧猪肉

材料：打碗花根状茎 500 克，猪肉 500 克，葱段、姜片、白糖、酱油、料酒、大料、桂皮、花椒水、色拉油各适量。

做法：将打碗花去皮、洗净，切成小块；猪肉洗净，切小块。炒勺置火上，加色拉油烧至七成热时，下猪肉块炸至微黄，取出，放漏勺沥油。炒勺留底油，放白糖炒至浅红色，倒入沸水，加葱段、姜片、酱油、料酒、大料、桂皮、花椒水烧至猪肉八成熟时，加入打碗花，翻炒至熟即可。

功效：滋阴调经、健脾益气。

猪毛蒿

引语：猪毛蒿是一年生草本植物，它有尖尖的绿色叶子，状似猪毛，因此而得名。荒地、路边皆是，春夏时节正是采摘猪毛蒿的季节。

【中文名及别名】

中文名：猪毛蒿。

别名：扎蓬棵、刺蓬、三叉明棵、猪毛缨、叉明棵、猴子毛、蓬子菜。

【食用渊源】

猪毛蒿属藜科，多野生于山坡、丘陵、路旁、田边、房前屋后，特别是零散地块或肥沃的垄田。春季是吃猪毛蒿的好时节，过了春季，口感会变差。鲜嫩的猪毛蒿嚼起来软软的，牙口不好的人也可以吃,它还带有一股特别的清香。在吃法方面,可以凉拌,可以用来包饺子,也可以用来煮汤,等等。

【生长环境】

生长于村边、路旁、荒地戈壁滩和含盐碱的沙质土壤上。

【识别要点】

一年生草本,高 30~100 厘米。茎自基部分枝,枝互生,淡绿色,有红紫色条纹,生稀疏的短硬毛。叶片丝状圆柱形,生短硬毛,先端有硬针刺,基部边缘膜质,稍扩展而下延。花序穗状,生枝条上部;苞片宽卵形,先端有硬针刺;小苞片 2,狭披针形,比花被长,苞片及小苞片与花序轴紧贴;花被片 5,膜质,披针形,结果时自背面中上部生鸡冠状突起;花被片在突起以上部分近革质,花药短圆形,顶部无附属物;柱头丝形。胞果倒卵形,果皮膜质。种子横生或斜生,先端平。花期 7—9 月,果期 9—10 月。(见图 2-77、图 2-78)

图 2-77

图 2-78

【食用部位及采摘时节】

食用部位：幼苗嫩叶。（见图2-79、图2-80）

图2-79

图2-80

采摘时节：春季、夏季。

【保健功用】

猪毛蒿味淡，性凉。归肝经。具有平肝潜阳、润肠通便的功效。主治高血压病、眩晕、失眠、肠燥便秘等症。

现代研究表明，猪毛蒿中含有黄酮类、生物碱类、酚酸类、甾醇类、糖类及脂肪酸等化学成分。药理实验研究表明，猪毛蒿提取物有一定的降血压作用，乙醇提取物有降血脂、抗癌、抗氧化、抑菌及保肝等作用。

【营养价值】

猪毛蒿含有粗蛋白质、粗纤维、粗脂肪、钙、磷、维生素C等。每百克猪毛菜嫩茎叶含蛋白质2.8毫克、脂肪0.3毫克、碳水化合物4克、钙408毫克、磷34毫克、铁8.3毫克、胡萝卜素175克、维生素B_1 0.26毫克、烟酸0.7毫克、维生素C 86毫克,以及人体所需的微量元素。其硒的含量很高,为一般食品的20倍。猪毛蒿中至少含有17种氨基酸,且7种是必需氨基酸,其中精氨酸、赖氨酸、谷氨酸、组氨酸含量均较高。

【食用方法】

1. 猪毛蒿发糕

材料:猪毛蒿叶子200克,玉米面500克,小葱2棵,盐3克,糖2克,鸡精2克。

做法:猪毛蒿叶子和小葱洗净切碎备用。玉米面放入盆中,中间扒开一个小坑放入酵母粉,再逐步倒入30摄氏度左右的温水,和成稀面,玉米面完全发起后搅拌排气。然后加入盐、糖、鸡精,再放入猪毛蒿碎和小葱碎,搅拌均匀后,倒入铺好屉布的锅内,上火蒸15分钟即可。

功效:清热解毒、凉血止血。

2. 凉拌猪毛菜

材料:猪毛蒿、蒜泥、小磨香油、芝麻酱、精盐、味精各适量。

做法:将采回的新鲜猪毛蒿淘洗稍晾,然后放入沸水焯一下,捞出过清水,切碎。加入蒜泥、小磨香油、芝麻酱、精盐、味精等调匀即成。

功效:清热解毒、降血压、降胆固醇。

3. 橄榄油凉拌猪毛蒿

材料：猪毛蒿、醋、橄榄油、蒜末各适量。

做法：将猪毛蒿洗净去老根，沸水焯熟，捞出后马上过一下凉水。再倒入醋、橄榄油拌匀，最后洒上蒜末即可。

功效：清热解毒、降血压、降胆固醇。

苣荬菜

引语：北方民间过去流传着贫苦农民以苣荬菜为生的谚语：“冷天无衣裳，热天一身光。吃的苣荬饭，喝的苣荬汤。”

【中文名及别名】

中文名：苣荬菜。

别名：曲曲菜、苦菜、败酱草、苦苣菜、取麻菜。

【食用渊源】

苣荬菜是中国人最早食用的野菜之一，能做菜食用，也能入药。由于生吃有苦涩味，耕牛对苣荬菜也懒得动口。旧社会农民每年春天青黄不接之时，要靠苣荬菜充饥。苣荬菜叶，带苦尝，虽逆口，胜空肠。苣荬菜民间食用已有2000多年历史，其吃法多种多样，可凉拌、做汤、蘸酱生食、炒食或做饺子包子馅，或加工成酸菜，或制成消暑饮料。

【生长环境】

生长于路边、地旁、庭院等地。

【识别要点】

苣荬菜为菊科苦苣菜属植物苣荬菜的全草,多年生草本。全株有乳汁。茎直立,高 30~80 厘米。叶互生,披针形或长圆状披针形,先端钝,基部耳状抱茎,边缘有疏缺刻或浅裂,缺刻及裂片都具尖齿;基生叶具短柄,茎生叶无柄。头状花序顶生,单一或呈伞房状,总苞钟形;花全为舌状花,黄色。瘦果长椭圆形,具纵肋,冠毛细软。花期 7 月至翌年 3 月。果期 8 月至翌年 4 月。(见图 2-81、图 2-82)

图 2-81

图 2-82

【食用部位及采摘时节】

食用部位:嫩叶。(见图 2-83、图 2-84)

图 2-83

图 2-84

采摘时节:春季开花前采摘嫩叶。

【保健功用】

苣荬菜以全草入药。性苦,寒。有清热解毒、利湿排脓、凉血止血之功效。有抗菌、降血压、降胆固醇、抗肿瘤、保肝作用。主治咽喉肿痛、疮疖肿毒、痔疮、急性菌痢、肠炎、肺脓肿、急性阑尾炎、吐血、衄血、咯血、尿血、便血、崩漏等症。

【营养价值】

每百克苣荬菜中含有不溶性膳食纤维 0.2 克、钠 8 毫克、镁 52 毫克、磷 30 毫克、钾 237 毫克、钙 218 毫克、锰 0.55 毫克、铁 9.7 毫克、铜 1.07 毫克、锌 0.49 毫克、维生素 A 907 微克、维生素 C(抗坏血酸)33 毫克、维生素 E 0.05 毫克。

【食用方法】

1. 凉拌苣荬菜

材料:苣荬菜、精盐、味精、蒜泥、香油各适量。

做法:将苣荬菜嫩茎叶去杂洗净,入沸水锅焯透,捞出用清水洗去苦味,挤干水分,切碎放盘内,加入精盐、味精、蒜泥、香油拌匀即可。

功效:清热解毒、补虚止咳。

2. 蒜蓉苣荬菜

材料:苣荬菜、蒜蓉、精盐、味精、香油各适量。

做法:将苣荬菜嫩茎叶去杂洗净,入沸水锅焯透,捞出用清水洗去苦味,挤干水分,切段放盘内,加入蒜蓉、精盐、味精、香油拌匀即成。

功效:清热解毒、补虚止咳。

3. 苣荬菜炖豆腐

材料：苣荬菜 500 克，豆腐 300 克，五花肉片 200 克，葱末、姜末、精盐、味精、料酒、清汤、水淀粉、香油各适量。

做法：将苣荬菜择洗干净，沸水焯一下，捞出待用；豆腐切成片。炒勺置火上，加食用油，烧至六成热时，投入葱末、姜末煸香，加入五花肉片煸炒，再放入苣荬菜翻炒，加精盐、料酒、清汤，烧沸后放入豆腐片，盖上盖炖 3~4 分钟，再用水淀粉勾芡，加味精，淋上香油，出勺，装入汤碗即成。

功效：益气宽中、清热解毒、利水消肿。

委陵菜

引语：委陵菜隶属于蔷薇科，全世界有500 多种，广泛分布于北温带。我国约有 86 种，主要分布于北方和西南地区，是一种药食两用的经济植物。

【中文名及别名】

中文名：委陵菜。

别名：毛鸡腿子、野鸡膀子、蛤蟆草、山萝卜、翻白草、白头翁。

【食用渊源】

委陵菜属是蔷薇科经济价值较大的一个属。近年来，关于该属开展了大量的食用和药用研究。研究发现，该属多种植物的根、叶营养丰富，均可做野生食用蔬菜。

【生长环境】

生长于山坡、路边、田旁、山林草丛中。

【识别要点】

委陵菜为多年生草本。根肥大，圆锥状，茎直立，密生灰白色绵毛。单数羽状复叶，基生叶有小叶 8~11 对，顶端小叶最大，两侧小叶向下渐次变小，小叶狭长椭圆形，边缘羽状深裂。裂片三角状披针形，边缘向下反卷，上面被短柔毛，下面密生白绵毛；托叶长披针形至椭圆状披针形，全缘残羽状裂，密被长绵毛；茎生叶与根生叶同形而较小，小叶 1~7 对。花多数，顶生，呈伞房状豪伞花序；花萼 5 裂，裂片广卵形，副萼 5 片，披针形至线形，均有白绵毛；花瓣 5，黄色，倒卵状圆形，凹头；雄蕊多敷，花丝不等长，花药黄色；雌蕊多数，聚生，子房卵形而小。花期 6—8 月，果期 8—10 月。（见图 2-85、图 2-86）

图 2-85

图 2-86

【食用部位及采摘时节】

食用部位:嫩茎叶。(见图 2-87、图 2-88)

图 2-87

图 2-88

采摘时节:春季。

【保健功用】

委陵菜全草可入药,味苦、性寒,有清热解毒、凉血止血的功效,用于治疗痢疾、痔疮出血、吐血、咳血、痈疮肿毒、咽喉炎、百日咳等症。近年来国内外学者对委陵菜属植物的化学成分及药理研究表明,其具有抗糖尿病、抗菌、抗病毒、保肝和镇痛等药理作用。

【营养价值】

委陵菜具有高蛋白、高纤维、低脂肪的特点。其嫩茎和叶中含有淀粉、还原糖、蛋白质、胡萝卜素、维生素 B_2、维生素 C 等。委陵菜全株均含丰富的微量元素,其叶中绝大部分微量元素的含量高于地下部分，如铁、锶、锰、铬、锌、钙、镁、铜等。

【食用方法】

1. 委陵菜蜜枣汤

材料：委陵菜 50 克，红枣 10 枚，红糖适量。

做法：将委陵菜择洗干净，红枣洗净后放入锅内，加适量水煮至枣熟，投入委陵菜煮沸 20 分钟，加入红糖搅匀即成。

功效：补脾益胃。

2. 三丝委陵菜

材料：委陵菜 80 克，香菇、冬笋、胡萝卜各 25 克，精盐、料酒、麻油、白糖、湿淀粉、鲜汤各适量。

做法：委陵菜洗净沥干水，香菇、冬笋、胡萝卜分别洗净切丝。炒锅放油，烧至六成热，放入上述食材煸炒几下，加入鲜汤、料酒、精盐、白糖，煸炒至熟，用湿淀粉勾芡，淋上麻油即可起锅装盘。

功效：清热解毒、散瘀止血。

3. 委陵菜炒肉丝

材料：猪肉 250 克，委陵菜 200 克，酱油、料酒、精盐、葱姜丝、湿淀粉各适量。

做法：将猪肉洗净切丝，委陵菜洗净。炒锅放油烧热，放入肉丝煸炒至变色，放入酱油、葱姜丝、料酒、精盐煸炒，再放入委陵菜继续煸炒，熟透时用湿淀粉勾稀芡即成。

功效：清热化痰、补脾养胃。

蔊　菜

引语:《本草纲目》中描述蔊菜:"野人连根、叶拔而食之,味极辛辣。"

【中文名及别名】

中文名:蔊菜。

别名:辣米菜、江剪刀草、绿豆草。

【食用渊源】

关于蔊菜的记载始于《本草纲目》,因其"味辛辣,如火焊人",故名"蔊菜",又称"野油菜"。5—7 月采收,鲜用或者晒干入药。蔊菜在《本草纲目》中被描述为:"野人连根、叶拔而食之,味极辛辣。"蔊菜的食用历史可见一斑。

【生长环境】

生长于山坡、石缝、路旁、田边、水沟潮湿地及杂草丛中。

【识别要点】

蔊菜为十字花科蔊菜属植物,一年生至二年生直立草本,植株较粗壮,无毛或具疏毛。茎单一或分枝,表面具纵沟。叶互生,基生叶及茎下部叶具长柄,叶形多变化,通常大头羽状分裂,顶端裂片大,卵状披针形,边缘具不整齐牙齿,侧裂片 1~5 对;茎上部叶片宽披针形或匙形，边缘具疏齿，具短柄或基部耳状抱茎。总状花序顶生或侧生，花小，多数，具细花梗。花期 4—6 月，果期 6—8 月。（见图 2-89、图 2-90）

图 2-89

图 2-90

【食用部位及采摘时节】

食用部位：嫩茎叶。（见图 2-91、图 2-92）

图 2-91

图 2-92

采摘时节：春季，一般在开花前采摘。

【保健功用】

蔊菜性凉,味辛微苦。入肺、胃、肠经。具有清热利尿、活血通经、镇咳化痰、健胃理气、解毒的功效。主治感冒、热咳、咽痛、风湿性关节炎、黄疸、水肿、跌打损伤等病症。

【营养价值】

蔊菜含有丰富的维生素、蔊菜素、蛋白质、胡萝卜素、蔊菜酰胺等营养物质。每百克蔊菜嫩幼苗含蛋白质 3.2 克、脂肪 0.3 克、粗纤维 1.3 克、胡萝卜素 4.15 毫克、维生素 B_2 0.6 毫克、维生素 C 9.8 毫克、钾 30 毫克、钙 28.9 毫克、磷 4.63 毫克、铁 0.47 毫克。

【食用方法】

1. 凉拌

蔊菜洗净、焯水、切碎,开水煮少量的粉丝,煮熟、切小细段,加入切好的蔊菜,再加入小虾皮,根据个人的口味,用适当的调料拌匀即可,可辣、可麻、可清淡。

2. 清炒

清炒蔊菜,方法可像我们日常炒油菜一样,直接炒食即可。

3. 煮粥

粳米煮粥熟后,蔊菜切碎加入粥中,再加少量水、盐,小火煮匀即可。

酸模

引语：《本草纲目》记载："酸模，平地亦有，根、叶、花形并同羊蹄，但叶小味酸为异。其根赤黄色。"

【中文名及别名】

中文名：酸模。

别名：山菠菜、野菠菜、酸溜溜、牛舌头棵、水牛舌头、田鸡脚。

【食用渊源】

酸模既可食用又可药用。酸模含有丰富的维生素A、维生素C及草酸，草酸导致此植物尝起来有酸溜口感，常被作为料理调味用。

【生长环境】

生长于路边、山坡及湿地。

【识别要点】

酸模是蓼科酸模属多年生直立草本植物，高达1米。根为肉质须根，黄色。茎直立，通常不分枝，无毛，或稍有毛，具纵沟纹，中空。单叶互生；叶片卵状长圆形，先端钝或尖，基部箭形或近戟形，全缘，有时略呈波状，上面无毛，下面及叶缘常具乳头状突起；茎上部叶较窄小，披针形，具短柄，或无柄且抱茎；基生叶有长柄；托叶鞘膜质，筒状，破裂。花单性，雌雄异株；花序顶生，狭圆锥状，分枝稀，花数朵簇生；雄花花被片6，椭圆形，排成2轮；雄蕊6，花丝甚短;雌花的外轮花被片反折向下紧贴花梗,内轮花被片直立,花后增大包被果实,圆形,全缘,各有一不明显的瘤状突起;子房三棱形,柱头3,画笔状,紫红色。瘦果三棱形,黑色,有光泽。花期5—6月,果期7—8月。(见图2-93、图2-94)

图2-93

图2-94

【食用部位及采摘时节】

食用部位:嫩茎叶。(见图2-95、图2-96)

图2-95

图2-96

采摘时节:春、夏季。

【保健功用】

其味酸，微苦，性寒。具有泄热通秘、利尿、凉血止血、解毒的功效。主治便秘、小便不利、内痔出血、疮疡、丹毒等症。

【营养价值】

每百克酸模嫩叶含水分92克、胡萝卜素3.2毫克、维生素C 70毫克、蛋白质1.8克、脂肪0.7克、碳水化合物2克、钙440毫克、磷80毫克。

【食用方法】

1. 凉拌酸模叶

材料：酸模200克，精盐、味精、酱油、白糖、麻油各适量。

做法：将酸模叶去杂洗净，入沸水锅焯一下。捞出洗净，挤去水分，切段放入盘内。加入精盐、味精、酱油、白糖、麻油，拌匀即成。

功效：泄热通秘、利尿止血。

2. 土豆酸模

材料：土豆800克，鸡蛋2个，酸模叶80克，盐3克，黄油、盐、黑胡椒、香葱、鲜奶油各适量。

做法：将土豆块放到碗中与鸡蛋和一半的酸模叶混合，加盐和黑胡椒调味。用文火将黄油融化，把土豆块分次放入锅中，用低火每面煎4分钟后取出。将黄油加热融化后放入香葱和剩余的酸模叶略炒，炒出香味。倒入鲜奶油，继续加热。用搅拌棒将鲜奶油打出泡沫,加盐和黑胡椒调味,配合土豆块蘸着食用。

功效:凉血、解毒、通便。

3. 酸模炒肉丝

材料:酸模叶 150 克,猪肉 100 克,料酒、精盐、味精、酱油、葱花、姜末各适量。

做法:将酸模叶去杂洗净,入沸水锅焯一下,捞出切段。猪肉洗净切丝。锅烧热放入猪肉煸炒至水干,加入酱油、葱花、姜末煸炒至肉熟,放入料酒、精盐和适量水,加入酸模叶炒至入味,点入味精推匀出锅即成。

功效:滋阴润燥。

旱莲草

引语:《玉楸药解》中记载:“旱莲草汁黑如墨,得少阴水色,入肝滋血,黑发乌须。止一切失血,敷各种疮毒。”

【中文名及别名】

中文名:旱莲草。

别名:墨旱莲、水旱莲、莲子草、墨斗草、野向日葵、墨菜。

【食用渊源】

旱莲草是一种中草药,菊科植物,开白色的花,土名白花儿,学名鳢肠。因为搓揉它的茎叶时,可见黑色的汁液流出,所以又叫墨旱莲。旱莲草嫩茎叶可食,嫩叶及幼苗都可以炒来吃,只是有点粗糙与苦味，必须先以开水烫软并添加佐料之后才能变佳肴。

【生长环境】

生长于田野、路边、溪边及阴湿地上。

【识别要点】

一年生草本。茎柔弱，直立或匍匐，高 30~60 厘米，被毛。叶对生，线状矩圆形至披针形，无柄或有极短的柄，先端短尖或钝，全缘或稍具齿，两面密被白色粗毛。头状花序，腋生或顶生，具花梗；总苞绿色，卵形至阔钟形，苞片少数，2 列，被小粗毛；花托扁平，有线状鳞片，花托上着生少数舌状花及多数管状花；舌状花雌性，约 2 列，狭线形，发育或不发育，白色，全缘或为 2 齿裂，子房椭圆形而扁，管状花两性，全发育。揉搓其茎叶有黑色汁液流出。花期夏季，果期 9—10 月。（见图 2-97、图 2-98）

图 2-97

图 2-98

【食用部位及采摘时节】

食用部位：嫩茎叶。（见图 2-99、图 2-100）

图 2-99

图 2-100

采摘时节：夏季。

【保健功用】

旱莲草味甘、酸，入肝、肾经。具有滋补肝肾、凉血止血的功效。用于牙齿松动、须发早白、眩晕耳鸣、腰膝酸软、阴虚血热、吐血、衄血、尿血、血痢、崩漏下血、外伤出血等症。

近代药理研究认为，旱莲草具有保肝、抗菌、抗肿瘤、抗炎、降血糖、降血脂、抗骨质疏松以及减轻认知障碍等活性成分。

【营养价值】

旱莲草中含皂苷 1.32%、烟碱约 0.08%，还有鞣质、维生素 A、鳢肠素等成分。

【食用方法】

1. 旱莲草猪肝汤

材料：旱莲草 60 克，猪肝 250 克，调料适量。

做法：所有材料加水煎汤饮服，每天 1 剂，连服数剂。

功效：治鼻出血，肝胆疾病并发症。

2. 生地旱莲草粥

材料：生地 15 克，旱莲草 15 克，粳米 30 克。

做法：将生地、旱莲草水煎，去渣取汁。粳米加清水煮粥，熟时加入生地旱莲草汁，再煮沸片刻，即可服用。

功效：治疗鹅口疮虚火上浮型。

3. 旱莲草大枣汤

材料：鲜旱莲草 50 克，大枣 20 枚。

做法：先将旱莲草和大枣洗净，一同放入锅中，加水适量，煨汤，熟后去渣，饮汤吃枣。

功效：滋补肝肾、养血止血。

4. 旱莲草排骨汤

材料：旱莲草、仙鹤草各 50 克，排骨 600 克，蜜枣 2 枚，盐少许。

做法：将旱莲草、仙鹤草、排骨、蜜枣分别洗净，并将排骨斩件。把全部材料放入沸水中，用中火煲 2 小时，加盐调味即可。

功效：清热养阴、滋养肝肾、凉血止血。

碎米荠

引语：食用碎米荠在中国有悠久的历史，最早在明代王磐的《野菜谱》中就有记载。《野菜谱》云："碎米荠，如布谷，想为民饥天雨粟，官仓一日一开放，造物生生无尽藏，救饥，三月采，止可作齑。"

【中文名及别名】

中文名：碎米荠。

别名：雀儿菜、野荠菜、米花香荠菜。

【食用渊源】

碎米荠，俗名野荠菜，是一种十字花科碎米荠属草本植物，与荠菜是同科异属的"亲戚"。碎米荠早春开白色小花，满地细碎的小白花点缀在嫩绿的叶片间，如同撒了一地米粒，因此称为"碎米荠"。作为荠菜家族的成员，它有轻微的芥菜辣味和芳香味。采摘碎米荠的鲜嫩茎叶，可以凉拌、清炒、煮汤、包饺子。洗净后可以做凉拌碎米荠、碎米荠蛋汤、碎米荠饺子，无论哪种吃法，都是非常可口的时令美味。

【生长环境】

生长于田边、路旁及湿润草地。

【识别要点】

一年生草本。无根状茎;根细长,侧根多而细。茎直立或斜升,通常多分枝,少有不分枝,下部有时带淡紫色,密被白色粗毛,上部毛渐少。奇数羽状复叶;基生叶具柄,有小叶 2~5 对;顶生小叶肾形或肾圆形,边缘有 3~7 波状浅裂,小叶柄明显;侧生小叶卵圆形或卵形,较顶生叶小,基部两侧稍有歪斜,边缘有 2~3 圆齿;茎生叶具短柄,有小叶 3~6 对,生于茎下部的通常与基生叶相似,生于茎上部的顶生小叶,菱状长卵形,先端 3 齿裂,无小叶柄,侧生小叶卵形,全缘,基部渐狭,全部小叶两面稍有毛。总状花序生于枝端,花小;萼片 4,有时带紫色,长椭圆形,边缘膜质,外面有疏毛;花瓣 4,白色,倒卵形,基部渐狭;雄蕊 6,花丝稍扩大;雌蕊 1,子房柱状,花柱极短,柱头扁球形。花期 2—4 月,果期 3—5 月。(见图 2-101、图 2-102)

图 2-101

图 2-102

【食用部位及采摘时节】

食用部位:嫩茎叶。(见图 2-103、图 2-104)

图 2-103

图 2-104

采摘时节:春季。

【保健功用】

碎米荠味甘、淡,性凉。归大肠、膀胱、胃、心经。具有清热利湿、安神、止血的功效。主治湿热泻痢、热淋、心悸、失眠、虚火牙痛、小儿疳积、吐血、便血、疔疮等症。

【营养价值】

碎米荠含有丰富的蛋白质、脂肪、碳水化合物、多种维生素、矿物质等。

【食用方法】

1. 凉拌碎米荠

材料：碎米荠250克，盐、生抽、香油各适量。

做法：锅中加入适量水，水里放少许盐，加热。水开后放入碎米荠，水再开捞出过凉水。碎米荠挤去水分，不要太干，切碎，放入少许盐、生抽和香油拌匀即可。

功效：清热解毒、祛风除湿。

2. 碎米荠炒肉丝

材料：碎米荠、猪肉（瘦）、油、葱、蚝油、盐各适量。

做法：碎米荠洗净，切成段；猪肉切成丝；加蚝油腌制半小时。在炒锅中放油加热后，放入葱花炒香，再把肉丝入锅炒散，随后把碎米荠入锅，快速翻炒均匀。炒软以后加少量盐调味，炒熟直接出锅即可。

功效：清热利湿。

第三章
根茎类常见野菜的识别及食用方法

牛　蒡

引语：相传古时有一老农，家中老母体弱多病，视力较差。一天，老农赶牛耕地时在林下歇息，看见牛在吃田间地旁的一种草。之后，他发现牛吃完草后精神多了，力气也大了不少。老农拔了一株这种草，见其根很深，足有一米多长，外形像铁棍山药，于是又拔了些带回去熬汤喝。老农发现，老母亲喝过汤后身体一天比一天好了。老农一想，这草是在牛吃草的旁边发现的，就叫它"牛旁"吧。因为是一种草，人们就在"旁"字上加上了草字头，就是现在的"牛蒡"。

【中文名及别名】

中文名：牛蒡。

别名：大力子、东洋参、牛鞭菜、蝙蝠刺。

【食用渊源】

牛蒡为菊科多年生草本药食两用蔬菜，原产于中国、北欧、西伯利亚，被公认为营养价值极高的特种保健型蔬菜，享有“蔬菜之王”的美誉。最初由中国传入日本，在日本栽培出多个品种后作为蔬菜又引种回我国。

牛蒡在我国一直作为中药材使用，明代李时珍《本草纲目》称其“通十二经脉，除五脏恶气”；“剪苗沟淘为蔬，取根煮曝为脯，应益其人”。《中药大辞典》中称，牛蒡性温，味甘，有清热解毒祛湿、健脾开胃通便、滋阴补肾益气之功效，是降火补肾的天然健康食材。

【生长环境】

生长于华北、东北以及江浙等地，喜温暖阳光环境，耐干旱，怕湿涝环境。

【识别要点】

牛蒡为菊科牛蒡属二至三年生草本植物。主根肉质化，长达15厘米，直径可达2厘米，有分枝支根，肉质柔软，稍粗硬，灰白色。茎直立，粗壮，通常带紫红或淡紫红色，有多数高起的条棱，分枝斜升。基生叶丛生，有长叶柄，叶片广大，呈心形，全缘波状，叶片背面密生白色茸毛，茎生叶互生。头状花序簇生排列，呈伞房状。花为管状两性花，雄蕊着生在花冠中央，子房椭圆形，下位一室，自花授粉。果实为瘦果。（见图3-1、图3-2）

图 3-1

图 3-2

【食用部位及采摘时节】

食用部位：肉质根。（见图 3-3、图 3-4）

图 3-3

图 3-4

采摘时节：春、秋两季。

【保健功用】

牛蒡具有防治肿瘤、冠心病、糖尿病、结肠癌、便秘等疾病的作用。经常食用牛蒡可降血脂、防便秘，对高血压、糖尿病和直肠癌等有较好的预防作用，并具有抗衰老、提高人体免疫力的功效。

牛蒡子为牛蒡的成熟果实，是一种常用的中药，具有疏散风热、宣肺透疹、利咽解毒的功效，可用于感冒发热、咽喉肿痛、痰多咳嗽、麻疹、风疹等症。

【营养价值】

牛蒡的营养成分很高，富含蛋白质、胡萝卜素、维生素 C、膳食纤维、钙、磷、铁等。每百克牛蒡中含有蛋白质 4.7 克，脂肪 0.8 克、糖 3 克、能量 160 千焦、粗纤维 2.4 克、钙 242 毫克、磷 61 毫克、铁 7.6 毫克、胡萝卜素 390 毫克、维生素 C 25 毫克。果实中含有牛蒡甙、脂肪油、硬脂肪酸、棕榈酸等。胡萝卜素含量在蔬菜中居第二位，蛋白质和钙的含量为根茎类之首。此外，牛蒡还含有较高的天门冬氨酸，对于健脑大有裨益。

【食用方法】

1. 牛蒡鸭肉汤

材料：牛蒡 1 根，鸭子 1 只，竹荪、葱、姜、盐各适量。

做法：首先将牛蒡洗净去皮切粗段，竹荪泡发后切段。鸭子洗净，将整只鸭和葱、姜、牛蒡段放入锅中大火煮开，转为小火炖半小时。出锅前 5~10 分钟放竹荪，最后加入少许盐调味即可。

功效：提高机体免疫力，清肺化痰。

2. 牛蒡蔬菜汤

材料:干牛蒡 20 克(或鲜牛蒡 150 克),白萝卜 250 克,胡萝卜 250 克,干香菇 3~5 个,大枣、盐适量,姜、葱少许。

做法:白萝卜、胡萝卜洗净去皮切段,干香菇泡发、洗净。锅内加水,将全部材料一起放入锅内,大火煮沸后,改用文火慢炖 1 小时左右即可。

功效:润肠通便、降脂、养颜抗衰老等。

3. 牛蒡粥

材料:牛蒡根、大米、调味料各适量。

做法:牛蒡根洗净,去皮切丝,加适量水、大米煲粥,出锅时可加入盐、胡椒粉、香油。

功效:宣肺清热、利咽散结。

4. 牛蒡鱼蓉羹

材料:牛蒡 100 克,鱼肉 100 克,番茄 15 克,豌豆 25 克,面包 100 克,肉汤 250 克,干香菇 15 克,植物油 150 克,黄酒、味精、盐、淀粉各适量。

做法:香菇用水泡发,去根,切成小方丁,牛蒡剁碎,番茄、面包切丁,面粉用水调好。取鱼肉开水下锅,微火煮熟后捞出碾成泥。肉汤烧开倒入鱼肉泥、牛蒡碎、豌豆、香菇丁、番茄丁、面包丁、黄酒、味精、盐等。待水开时加入湿淀粉,略搅几下,加入适量猪油即成。

功效:补益脾胃,适用于脑血管疾病、高血压、冠心病。

5. 凉拌牛蒡

材料：牛蒡根、盐、醋、糖各适量。

做法：牛蒡根洗净，刮去外皮，滚水烫，凉水泡，沥水切丝或片，加盐、醋、糖凉拌，鲜香可口。

功效：清热解毒、降血压。

白茅根

引语：白茅根因其叶子形如长矛，所以人们称之为“矛”；又因其花和根是白色的，故而命名为白茅根。

【中文名及别名】

中文名：白茅根。

别名：地筋、茅草根。

【食用渊源】

白茅根用于养生保健的历史已经有2000余年。白茅根始载于《神农本草经》，列为中品。全国大部分地区有分布。历代有很多用白茅根治病的小单方和药膳方。如《肘后方》治虚后水肿，饮水多，小便不利，“用白茅根一大把，小豆三升。水三升，煮干，去茅根食豆，水随小便下”。《外台秘要》治黄疸型肝炎，用“茅根一把，猪肉一斤，上二味合作羹，昼一服尽”。《妇人良方》治血热鼻衄，“白茅根汁一盒，饮之”。《圣惠方》治鼻衄不止，“茅根为末，米泔水服二钱”。

【生长环境】

全国大部分地区均有分布。

【识别要点】

白茅根为禾本科植物白茅的干燥根茎。白茅为多年生草本，具粗壮的长根状茎，秆直立，高 30～80 厘米。根部稍倾斜或者卧伏，呈长圆柱形，有时分枝，长短不一。表面黄白色或淡黄色，微有光泽，具纵皱纹，节明显，稍突起，节间长短不等，通常长 1.5～3 厘米。体轻，质略脆，断面皮部白色，多有裂隙，放射状排列，有时中心可见一小孔，中柱淡黄色，易与皮部剥离。气微，味微甜。以条粗、色白、味甜者为佳。(见图 3-5、图 3-6)

图 3-5

图 3-6

【食用部位及采摘时节】

食用部位：根茎。(见图 3-7、图 3-8)

图 3-7

图 3-8

采摘时节:春、秋两季。

【保健功用】

白茅根味甘,性寒,具有凉血、止血、清热、利尿的功效。治热病烦渴、吐血、衄血、肺热喘急、胃热哕逆、淋病、小便不利、水肿、黄疸等症。用于治疗常因多食辛热肥甘之品,或嗜酒太过,酿成湿热,下注膀胱,使膀胱气化失司,或因下阴不洁,秽浊湿邪侵入膀胱,酿成湿热,发而为热淋。

现代药理学认为,白茅根含淀粉和多量蔗糖、葡萄糖以及少量果糖、木糖、柠檬酸、草酸、苹果酸,其根茎还含甘露醇、薏苡素和芦竹素等成分。它所含丰富的钾盐有良好的利尿作用,煎液对某些痢疾杆菌有明显的抑制作用。

需要注意的是,白茅根虽然能食用,但不适合脾胃不好的人长期食用;白茅根性寒,过度服用会导致脾胃损伤。

【营养价值】

白茅根的活性成分主要有三萜类、糖类、内酯类、有机酸类、香豆素类等，并含有草酸、钾、铁、钙等多种营养成分，能补中益气，可提高人体免疫力。

【食用方法】

1. 白茅根甘蔗甜饮

材料：白茅根 50 克，甘蔗 250 克。

做法：将甘蔗洗净切片，白茅根洗净放入锅中。锅中加适量水，浸泡 10 分钟后大火煮沸，改小火煮 20 分钟，去渣取汁。

功效：清热生津、消暑止渴，特别适于暑热引起虚火上升，流鼻血或尿少，色深黄等患者饮用。但脾胃虚寒、拉肚子者忌饮。

2. 白茅根猪肉汤

材料：猪肉（瘦）250 克，白茅根 60 克，盐适量。

做法：将白茅根洗净，切段；猪肉洗净，切块。把全部材料放入锅内，加适量清水，武火煮沸后，文火煮一小时，调味即可。

功效：清热生津、利湿退黄。

3. 胡萝卜竹蔗茅根瘦肉汤

材料：胡萝卜 250 克，甘蔗 150 克，白茅根 120 克，猪肉（瘦）120 克，盐 3 克。

做法：胡萝卜去皮、蒂，切厚件，用水洗净；甘蔗去皮，斩段，劈开；茅根、猪肉用水洗干净。将以上全部材料放入沸水中，用中火煲 3 小时，以少许细盐调味即可。

功效：清热利尿、润燥解毒。

4. 白茅根雪梨猪肺汤

材料：鲜白茅根200克，雪梨2个，猪肺1副，陈皮5克。

做法：猪肺洗净切块，放入开水中煮5分钟，捞起冲洗干净。雪梨去核，切块，白茅根切段。陈皮用水浸软，与猪肺、雪梨、白茅根一齐用文火煲2小时即可。

功效：清热润肺、化痰止咳、凉血、助消化。

5. 鲜白茅根猪肝汤

材料：鲜白茅根100克，猪肝150克，姜片、生粉、油、生抽、食盐各适量。

做法：鲜白茅根浸泡、洗净。猪肝漂洗干净，切为薄片，加生粉、生抽各1小汤匙搅拌均匀，腌制片刻。在瓦煲内加入清水2000毫升（约8碗）和鲜白茅根武火煮沸后，改为文火煲约20分钟，取渣留汁。把白茅根汁放入铁锅内，下姜片，滚沸后下猪肝，滚至刚熟，调入适量食盐、少许油便可。

功效：清热、养肝、疏泄。

芦　根

引语：《诗经》曰“蒹葭苍苍，白露为霜”，其中的“蒹葭”就是芦苇。白居易有“可知风雨孤舟夜，芦苇丛中作此诗”“苦竹林边芦苇丛，停舟一望思无穷”，贾岛有“芦苇声兼雨，芰荷香绕灯”“川原秋色静，芦苇晚风鸣”，贯休有“芦苇深花里，渔歌一曲长”，贾至有“月色更添春色好,芦风似胜竹风幽”……诗人借物传情,引发了人们许多美妙的联想。

【中文名及别名】

中文名:芦根。

别名:芦苇根、水芦根、苇根。

【食用渊源】

芦根即芦苇匍匐于地下的根状茎。民间自古就有“春饮芦根水,夏用绿豆汤,百病不生更硬朗”的说法。喝芦根水最大的好处是能防治“春温”。《名医别录》记载,芦根“主消渴客热,止小便利”。

【生长环境】

常生长于河流、池沼岸边浅水中。

【识别要点】

芦根为禾本科植物芦苇的新鲜或干燥根茎。芦苇为多年生草本植物,根状茎十分发达。秆直立,具20多节。叶鞘下部者短于其上部者,长于其节间;叶舌边缘密生一圈长约1毫米的短纤毛,易脱落;叶片披针状线形,无毛,顶端长渐尖成丝形。圆锥花序大型,分枝多数;小穗无毛;内稃两脊粗糙;花药黄色;颖果。鲜芦根呈长圆柱形或扁圆柱形,长短不一,直径约1.5厘米;表面黄白色,有光泽,先端尖形似竹笋,绿色或黄绿色。芦根体有节,节上有残留的须根及芽痕;质轻而韧,不易折断。干芦根呈压扁的长圆柱形,表面有光泽,黄白色,节部较硬,显红黄色,节间有纵皱纹;质轻

而柔韧,不易折断。芦根均以条粗壮、黄白色、有光泽、无须根、质嫩者为佳。(见图 3-9、图 3-10)

图 3-9

图 3-10

【食用部位及采摘时节】

食用部位:根茎。(见图 3-11、图 3-12)

图 3-11

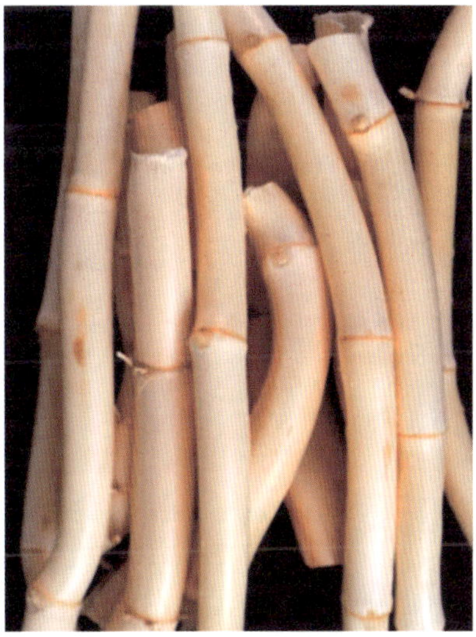

图 3-12

采摘时节:全年均可采挖。

【保健功用】

芦根性甘、寒，归肺、胃经，具有清热泻火、生津止渴、除烦、止呕、利尿之功效，用于热病烦渴、肺热咳嗽、肺痈吐脓、胃热呕哕、热淋涩痛等症。

现代医学证明，鲜芦根具有解热、镇静、镇痛、降压、抗肿瘤等作用，可用于治疗热病烦渴、肺炎、肺脓肿、气管炎、肿瘤等疾病。还可用于治疗感冒、支气管炎、口臭、急性扁桃体炎、肝炎、胆囊炎与肺脓疡等疾病。

【营养价值】

鲜芦根中含蛋白质5%，碳水化合物51%，含维生素B_1、维生素B_2、维生素C和天门冬酰胺、多糖类、糠醛、水溶性糖类以及脂肪酸、氨基酸、生育酚、甾醇、多元酚等多种成分。

【食用方法】

1. 芦根粥

材料：鲜芦根150克，甜杏仁10克，粳米50克。

做法：鲜芦根洗净切段，与甜杏仁同煎取汁，放入粳米，煮粥，粥熟即可食用。

功效：清肺热、止咳痰。

2. 青果芦根茶

材料：青果30克，芦根60克。

做法：将青果捣碎，芦根切碎，加适量水煎煮，去渣取汁，每日代茶饮用。

功效:清热解毒、生津利咽。

3. 鱼腥草芦根汤

材料:鱼腥草 30 克,芦根 30 克,红枣 12 克。

做法:鱼腥草、芦根、红枣加水共煮 30 分钟,去渣取汁,即可饮用。

功效:清热化痰。

4. 芦根蜂蜜水

材料:芦根 500 克,蜂蜜 750 克。

做法:先将芦根放入锅中,加入清水 5 升,浸泡 4 个小时左右,再用慢火煎煮 2 个小时后去渣,滤取药液大约 1000 毫升。再次慢火加热,将药液浓缩至 750 毫升,加入蜂蜜熬稠,然后收膏装瓶备用。使用时,每次取蜜膏 30 克,用开水冲服。

功效:生津清热、润肺利咽。

5. 芦根绿豆汤

材料:芦根、绿豆各 15 克。

做法:芦根、绿豆加水煮开,加适量冰糖,去芦根、绿豆喝汤。

功效:生津润肺、降火解热。

菊　芋

引语:菊芋,俗名野生姜,菊科向日葵属植物,花冠黄色,有生姜般块状的地下茎及纤维状根,因原产北美洲,后经欧洲传入中国,故又称洋生姜、洋姜。

【中文名及别名】

中文名:菊芋。

别名:野生姜、洋生姜、洋姜、鬼子姜、五星草、番姜。

【食用渊源】

菊芋原产自北美洲,后经从北美引进到欧洲,之后才逐渐被人们认识,并且在荷兰、西班牙、德国和英国等欧洲国家广泛种植,之后又经欧洲传入我国。

【生长环境】

主要分布在北美温带地区,以块茎繁殖为主,对生境要求较低。在我国南北方大部分地区均有种植。

【识别要点】

多年生草本植物,茎直立,植株高1~3米;扁圆的叶子,有着不规则的隆起;地下茎块中主要含有丰富菊糖,其外形多为不规范的球体或纺锤体,外皮一般为红、黄或白三种颜色;叶部一般是对生,长有叶柄,但其上部是互生;上部分叶子形状为拉长的椭圆形,叶基部逐渐变小,下端好像翅膀状,头端逐渐变尖,呈短而小的尾巴状;下部分叶子多成卵形,长有长的叶柄,叶基部多为圆形,头端逐渐变细并有锯齿状的边缘,有三出脉且离开基部一段距离生出,上头被长有白色短而较粗毛,底下被长有柔毛,叶脉上长有短而较硬的毛。叶柄上长有狭翅,有比较大单生长在枝端的头状花序,有多层苞片,尖端长渐尖,背面被短伏毛,边沿被展开的缘毛。外围舌状花通常有12~20个,像拉长的椭圆形,有着黄色的管状花花冠。

瘦果比较小,形状为楔形,长着毛,带毛的锥状扁芒长在上端,数量为 2~4 个。(见图 3-13、图 3-14)

图 3-13

图 3-14

【食用部位及采摘时节】

食用部位:块茎。(见图 3-15、图 3-16)

图 3-15

图 3-16

采摘时节:10—11 月。

【保健功用】

中医认为,菊芋根茎性味甘、凉,无毒,入肺、大肠经,有清热凉血、利湿消肿之功效,适用于热病、肠热泻痢、便血、淋证、高脂血症等,是一味医家常用的良药。

菊芋中含有菊糖。菊糖又称菊粉,是目前发现的少有的几种可溶性膳食纤维之一,具有抗癌、抗菌、降血脂、稳定血糖、增强免疫力、协助矿物质吸收、驱逐肠道有害微生物、缓解便秘与腹泻的功效。

菊芋对血糖具有独特的双向调节作用:一方面,可使糖尿病患者的血糖降低;另一方面,能使低血糖患者血糖升高。

【营养价值】

菊芋的茎块中含有丰富的氨基酸、维生素、碳水化合物等,每百克新鲜茎块中含水分 79.8 克、碳水化合物 16.6 克、灰分 2.8 克、粗纤维 0.6 克、蛋白质 0.1 克、脂肪 0.1 克、钙 49 毫克、铁 8.4 毫克、磷 119 毫克、维生素 A_1 0.13 毫克、维生素 B_2 0.06 毫克、烟酸 0.6 毫克、维生素 C 6 毫克;碳水化合物中主要含有大量的菊糖、淀粉、多聚戊糖等物质,新鲜菊芋中菊糖含量可达 15%~20%。另外,还含有芳香性挥发油、腺嘌呤、胆碱、小苏碱、甜菊苷等多种有效成分,闻之有淡雅的清香。

【食用方法】

1. 鲜块茎素炒

材料:菊芋 500 克,食用油、食盐、味精、料酒少许。

做法：菊芋洗净、去皮、切丝，用清水漂洗滤水。待炒锅烧热后加食用油，倒入菊芋丝翻炒数次，半熟后按个人口味加食盐、味精、料酒，翻炒数次后沿锅撇清水少许，起锅装盘。稍凉加数滴香麻油或麻辣油，拌匀即可。

功效：调节胃肠功能。

2. 鲜块茎肉丝混炒

材料：菊芋 300 克，瘦猪肉丝 200 克，生姜丝、料酒、食盐、酱油等少许。

做法：菊芋洗净，去皮切丝，清水漂洗。将肉丝爆炒，加生姜丝、食盐、料酒、酱油等辅料爆炒五成熟后出锅。将炒锅洗净，架灶加热倒入食用油少许，待油锅彻底热后倒入已切好的菊芋丝，再混入肉丝翻炒后加少量食盐即可。

功效：调节胃肠功能。

3. 块茎煮粥

材料：菊芋 150 克，大米 200 克，调味料适量。

做法：菊芋洗净去皮，切成小正方块状，放冷水中清洗，之后泡在水中。锅内加水和淘洗干净的大米，开火煮沸，再小火煮 5 分钟，待米粥刚开始呈黏状时，将菊芋块倒入粥锅内，再次煮开后放少许食盐、鸡精等调味料，放少许青菜心叶，调入香油即可。

功效：对糖尿病、浮肿、小便不利、肥胖者有一定功效。

薤　白

引语:杜甫在《秋日阮隐居致薤三十束》中这样描述薤白:"束比青刍色,圆齐玉箸头。衰年关鬲冷,味暖并无忧。"白居易《春寒》一诗中有"酥暖薤白酒,乳和地黄粥",这"酥暖薤白酒"说的就是以酥炒薤白投入酒中。

【中文名及别名】

中文名:薤白。

别名:山蒜、野薤、野葱、薤白头、野白头、小根蒜。

【食用渊源】

薤白既可直接食用又可入药,是典型的药食同源类植物。据记载,我国殷汤时就有食用薤白的习惯,至今已有几千年的历史;而关于薤白的入药治病,在历代重要本草书中都有详细的记载和说明。此外,民间流传的"小根蒜真顶用,蘸酱下饭又治病""小根蒜,蘸着酱,山珍海味赶不上"等顺口溜也是对薤白食药用价值的肯定。

【生长环境】

通常分布于山坡、草地、田间等地。

【识别要点】

株高30~60厘米,主要以成熟的地下鳞茎药用,以未成熟时的全株食用,有葱蒜味。鳞茎卵圆形,有2~3个凸起。叶互生,半筒状狭线形，下部鞘状包茎，长 18～30 厘米。花葶单一，顶生伞形花序；花序半球形或近球形，满生珠芽，常从珠芽间生出少数有细梗的花；花玫瑰红色或粉红色，蒴果倒卵形。（见图 3-17、图 3-18）

图 3-17

图 3-18

【食用部位及采摘时节】

食用部位：鳞茎。（见图 3-19、图 3-20）

图 3-19

图 3-20

采摘时节：一般于夏、秋两季采挖。

【保健功用】

薤白味辛、苦，性温，无毒，入肺经、胃经、大肠经，具有理气、宽胸、通阳、散结、止疼痛、止咳平喘、祛风散寒之功效，中医长期用于治疗胸闷刺痛、痛彻胸背、脘痞不舒、干呕、泻痢后重、肺气喘急、疮疖等症。

薤白含有大蒜氨酸、甲基大蒜氨酸、大蒜糖等，能促进纤维蛋白溶解，降低动脉脂质斑块、血脂、血清氧化脂质，抑制血小板聚集和释放反应，抑制动脉平滑肌细胞增生等。特别是在降血脂、降胆固醇，防治心绞痛、心肌梗死等方面有一定功效。现代药理学证实，从薤白中分离得到的挥发油、皂苷、含氮化合物、大蒜素等多种成分，对降血压、抗癌等都有很好的作用。

【营养价值】

薤白的营养价值高，含有蛋白质、膳食纤维、维生素等营养成分，且薤白叶中还含有钙等微量元素，适宜缺钙的老人和成长期的儿童适量适当食用。每百克薤白中含脂肪 0.24 克、蛋白质 3.4 克、碳水化合物 26 克、钙 100 毫克、胡萝卜素 0.09 毫克、铁 4.6 毫克、维生素 C 36 毫克，还含有维生素 B_2、维生素 B_5、蒜氨酸、甲基蒜氨酸和大蒜糖等。

【食用方法】

1. 薤白粥

材料：薤白 25 克，粳米 100 克。

做法：薤白、粳米洗净。将粳米放入锅中加水熬煮，煮熟后关火，加入薤白搅拌并盖上锅盖，待薤白焖熟后即可食用。

功效：宽胸通阳、行气止痛，适用于冠心病导致的胸闷、心绞痛患者。气虚、阴虚发热者要谨慎食用。而且薤白不宜多吃，多吃容易导致发热，且尽量不与韭菜同食。

2. 薤白煎鸡蛋

材料：薤白 100 克，鸡蛋 3 枚，猪油适量。

做法：将薤白洗净切细，鸡蛋磕入碗内放盐，用竹筷抽打起泡。把平底锅烧热，放入猪油，油热后倒入鸡蛋液，撒上薤白细末，在火上煎 5 分钟，将一面煎成焦黄即成。

功效：辛香开胃、宽胸除痹。

3. 腌薤白

材料：薤白 30 克，白砂糖 60 克。

做法：将薤白剥去皮，加水适量，捣烂如泥，入砂锅内，与白砂糖同煮熬成膏状。

功效：止咳平喘。

桔　梗

引语：宋代诗人晁补之有一首《春雪监中即事二首一》，诗中写道："仆夫无事困薪苏，乌乌不鸣依室屋。肺病恶寒望劝酬，桔梗作汤良可沃。"桔梗汤可以治疗诗人这恶寒的肺病，带给诗人康复后再与友人相聚饮酒的希望。

【中文名及别名】

中文名：桔梗。

别名：道拉基、土人参、包袱花、铃铛花。

【食用渊源】

桔梗始载于《神农本草经》，列为中品，为桔梗科多年生草本药用植物。桔梗是药、食和观赏兼具的珍贵经济植物。幼嫩的茎叶是知名的山野菜，称为"明叶菜或四叶菜"。其根是腌制风味咸菜的上品，朝鲜族称桔梗为"道拉基"。桔梗根是常用的大宗药材，具有宣肺、祛痰、排脓、镇咳之功效。桔梗全身都可利用，可称之为"草中之宝"。李时珍在《本草纲目》中释其名曰："此草之根结实而梗直，古名桔梗。"

【生长环境】

野生桔梗自然生长于海拔2000米以下的向阳处草丛和灌木丛中，在我国大部分地区、东西伯利亚地区、朝鲜半岛和日本半岛有分布。

【识别要点】

茎高20~120厘米，通常无毛，偶密被短毛，不分枝，极少上部分枝。叶全部轮生，部分轮生至全部互生，无柄或有极短的柄，叶片卵形，卵状椭圆形至披针形，基部宽楔形至圆钝，急尖，上面无毛，绿色，下面被白粉，有时脉上有短毛或瘤突状毛，边缘具尖锯齿。花单朵顶生，或数朵集成假总状花序，或有花序分枝而集成圆锥花序；花萼钟状五裂片，被白粉，裂片三角形，或狭三角形，有时齿状；花冠大，蓝色、紫色或白色。蒴果球状，或球状倒圆锥形，或倒卵状。根部呈圆柱形或长纺锤形，略扭曲，偶有分枝，顶端有根茎（芦头），其上有数个半月形的茎痕。表面白色或淡黄白色，全体有不规则纵皱及沟纹，并有横向皮孔样的疤痕。质硬脆，易折断，折断面略不平坦，可见放射状裂隙，皮部类白色，形成层环明显，木质部淡黄色，俗称“金井玉栏”。花期7—9月。（见图3-21、图3-22）

图3-21

图3-22

【食用部位及采摘时节】

食用部位：以根部为主要食用部位，嫩茎叶也可食用。（见图3-23、图3-24）

图 3-23

图 3-24

采摘时节：每年春、秋两季均可采收。

【保健功用】

桔梗性味苦、辛，平。归肺经。主要有宣肺、利咽、祛痰、排脓的功效，主治咳嗽痰多、胸闷不畅、咽痛音哑、肺痈吐脓等症。桔梗的根除含皂苷、氨基酸、多糖外，还富含锌、铁、镁、钠、钙等矿物质，维生素 B_1、维生素 C 含量也较丰富。根入药有祛痰止咳、消肿排脓功效；主治咳嗽痰多、咽喉肿痛、肺脓肿、支气管炎等症。

【营养价值】

根为主食部位，每百克鲜桔梗根含淀粉 14 克、蛋白质 0.9 克、粗纤维 3.19 克、胡萝卜素 8.01 克，营养价值较高。幼苗和嫩梢也可食用，春采幼苗，夏采嫩梢。每百克嫩茎叶含胡萝卜素 8.40 毫克、维生素 B_2 0.68 毫克、维生素 C 216 毫克。

【食用方法】

1. 清炒桔梗茎叶

材料：桔梗鲜茎叶、葱花、盐、味精各适量。

做法：将桔梗鲜茎叶洗净，切成3~5厘米的段。放入加葱花的油锅中煸炒，再加入少许盐炒入味，点入味精即成。

功效：防衰老，润肤健美。

2. 凉拌桔梗叶

材料：桔梗鲜茎叶、盐、味精、白糖、醋、麻油各适量。

做法：将鲜嫩的茎叶用开水焯一下，再用凉水冲洗几次，沥干，加入盐、味精、白糖、醋、麻油等调料，拌匀即可食用。

功效：清热解毒。

3. 风味朝鲜族咸菜

材料：桔梗根、酱油、辣椒粉等各适量。

做法：首先将采挖的桔梗根洗净去皮，放在热水中浸泡2小时除去苦味后，再撕成细丝，拌上酱油、辣椒粉及其他调料，做成香辣味美的风味咸菜。

功效：开胃健脾。

4. 桔梗根瓜片

材料：桔梗根、黄瓜、辣椒酱、醋、味精各适量。

做法：将桔梗根洗净除去外皮，放入开水中焯一下，捞出切片。黄瓜切片用盐腌去水分，与桔梗根混拌在一起，加入辣椒酱、醋、味精调匀即成。

功效：清热镇咳、宣肺益气。

南沙参

引语:沙参在历代本草中都有记载,《本草从新》首次把沙参分为南沙参和北沙参。《中华人民共和国药典》规定南沙参为桔梗科植物轮叶沙参或杏叶沙参的干燥根。

【中文名及别名】

中文名:南沙参。

别名:沙参、泡参、泡沙参。

【食用渊源】

南沙参是我国传统中药材,已有2000多年的应用历史。其原名沙参始载于东汉《神农本草经》,列为上品,记述有"主积血惊气,除寒热,补中益肺气"的功用。南北朝《本草经集注》中将沙参与人参、玄参、丹参、苦参称为"五参"。明代李时珍在《本草纲目》中说:"沙参甘淡而寒,其体轻虚,专补肺气,因而益脾与肾,宜之。"

【生长环境】

主要分布在我国南方地区,包括贵州、四川、云南、湖北、江西、河南等地均有出产。

【识别要点】

多年生草本。茎生叶互生,狭卵形或矩圆状狭卵形,边缘有不整齐锯齿。花序狭长；萼钟状，先端5裂，裂片披针形，有毛；花冠紫蓝色，宽钟形，5浅裂，裂片三角形，外面被毛，雄蕊5。花丝基部扩大，有密柔毛；子房下位，3室。蒴果球形。根部呈圆锥形或圆柱形，略弯曲，长7~27厘米，直径0.8~3厘米。表面黄白色或淡棕黄色，凹陷处常有残留粗皮，上部多有深陷横纹，呈断续的环状，下部有纵纹和纵沟。顶端具1或2个根茎。体轻，质松泡，易折断，断面不平坦，黄白色，多裂隙。南沙参无味，以根粗大、粗细均匀、色黄者为佳，生用。花期8—9月，果期9—10月。（见图3-25、图3-26）

图3-25

图3-26

【食用部位及采摘时节】

食用部位：根部。（见图3-27、图3-28）

图 3-27

图 3-28

采摘时节：一般于夏、秋两季采挖。

【保健功用】

南沙参性甘，微寒。归肺、胃经。有养阴清肺、化痰、益胃生津之功，用于肺热燥咳、阴虚劳嗽、干咳痰黏、气阴不足、燥热口干等症。不宜与藜芦同用。现代药理学研究认为，南沙参具有免疫调节、抗辐射、抗衰老、改善学习记忆障碍、清除自由基、保肝等作用。

【营养价值】

南沙参主要的活性物质包括多糖类、亚油酸、香草酸、γ-松节油烯、莰烯、桉油精、樟脑、乙酰龙脑酯、四氢萘、1-环已基-3-甲基苯、β-谷甾醇及其延伸物、磷脂类、三萜类、酚苷类以及其他一些微量元素及氨基酸等。

【食用方法】

1. 南沙参蛋汤

材料:南沙参15~60克,鸡蛋2个。

做法:将南沙参、鸡蛋共煮,饮汤食用。

功效:治疗虚火牙痛。

2. 枇杷薏苡南沙参粥

材料:鲜枇杷果60克,薏苡仁100克,枇杷叶15克,南沙参15克。

做法:将枇杷叶、南沙参洗净切碎后,放大锅中,加适量水煎煮。至水沸后再煮10~15分钟,去渣留汁,将薏苡仁淘洗净后放入所煮的汁中,共煮成粥。另取鲜枇杷果去核、皮,切成碎丁放入粥中,搅匀即可食之。

功效:宣肺清热、健脾利湿。

3. 沙参百合粥

材料:南沙参15克,杏仁10克,百合15克,粳米100克。

做法:南沙参、杏仁、百合洗净,用纱布包成药袋,与粳米一起熬煮成粥,去除药袋,即可食用。

功效:养阴润肺、祛燥止咳。

第四章
花菜类常见野菜的识别及食用方法

野菊花

引语:野菊花虽然没有其他花那么婀娜多姿、妩媚动人,但是它却能散发出淡淡的香味,让人们感到心旷神怡。

【中文名及别名】

中文名:野菊花。

别名:野山菊、路边菊、山菊花、千层菊、黄菊花。

【食用渊源】

食用野菊花在我国已有2000多年历史。春秋战国时期的屈原在《离骚》中就记载了菊花的食用情况:“朝饮木兰之坠露兮,夕餐秋菊之落英。”《神农本草经》称菊花“久服利血气,轻身耐老延年”。李时珍的《本草纲目》一书写道:“利五脉,调四肢。治头目风热。”

【生长环境】

生长于山坡草地、灌丛、河边水湿地、海滨盐渍地及田边、路旁。

【识别要点】

多年生草本，高 25～100 厘米。根茎粗厚，分枝，有长或短的地下匍匐枝。茎直立或基部铺展。基生叶脱落；茎生叶卵形或长圆状卵形，长 6～7 厘米，宽 1～2.5 厘米，羽状分裂或分裂不明显；顶裂片大；侧裂片常 2 对，卵形或长圆形，全部裂片边缘浅裂或有锯齿；上部叶渐小；全部叶上面有腺体及疏柔毛，下面灰绿色，毛较多，基部渐狭成具翅的叶柄；托叶具锯齿。花个头较小，呈类球形，颜色为黄绿色至棕黄色，气芳香，味苦。与菊花相比，野菊花的叶小而多尖，花小而多蕊。品尝气味，野菊花比菊花更苦。花期 6—11 月。（见图 4-1、图 4-2）

图 4-1

图 4-2

【食用部位及采摘时节】

食用部位:花及花蕾。(见图 4-3、图 4-4)

图 4-3

图 4-4

采摘时节:秋季开花盛期,分批采收。

【保健功用】

野菊花味苦、辛,微寒。归肝、心经。具有清热解毒的功效。用于疔疮痈肿、目赤肿痛、头痛眩晕等症。现代研究证明,野菊花是中草药中的"广谱抗生素",对多数皮肤真菌、金黄色葡萄球菌、痢疾杆菌、绿脓杆菌和流感病毒等均有较强的抑制作用。由于野菊花药性偏苦、寒,所以不宜长期大量服用,否则会伤及脾胃阳气。

【营养价值】

野菊花中含有萜类和挥发油,另含维生素、叶绿素、黄酮、多糖、有机酸、氨基酸以及微量元素等化学成分,能药食两用。

【食用方法】

1. 菊花绿豆糖水

材料:野菊花、绿豆、核桃仁、红糖各适量。

做法:将野菊花、绿豆、核桃仁冲洗干净。锅放水烧开,放野菊花煮 2 分钟,将野菊花捞出。将绿豆、核桃仁放入锅中煮开,改小火煮 1 小时。当绿豆、核桃仁煮烂时,根据个人喜好加糖,再煮 10 分钟即可。

功效:明目降压、降脂强身。

2. 野菊花五味消毒饮

材料:银花 20 克,野菊花、蒲公英、紫花地丁、紫背天葵子各 15 克。

做法:水煎,加酒一二匙和服。

功效:清热解毒、消散疔疮。

金银花

引语:《本草从新》记载:"一蒂两花,新旧相参,黄白相映,故呼金银花。"

【中文名及别名】

中文名:金银花。

别名:银花、双花、二花、二宝花。

【食用渊源】

早在3000年前,我们的祖先就开始用金银花来防治疾病。人们喜爱金银花,不只是它名字好听,花色好看,气味芳香,更为重要的是它的药用价值,可以防病、养生、益寿。我国民间自古以来就有这样一个习惯,在炎夏到来之际,给儿童喝几次金银花茶,可以预防夏季热疖的发生;在盛夏酷暑之际,喝金银花茶又能预防中暑、肠炎、痢疾等症。

【生长环境】

生长于溪边、旷野疏林下或灌木丛中。

【识别要点】

多年生半常绿缠绕藤本植物,长达9米。茎中空,多分枝,幼枝密被短柔毛和腺毛。叶对生;叶柄长4~10厘米,密被短柔毛;叶纸质,叶片卵形、长圆卵形或卵状披针形,长2.5~8厘米,宽1~5.5厘米,先端短尖、渐尖或钝圆,基部圆形或近心形,全缘,两面和边缘均被短柔毛。浆果球形,直径6~7毫米,成熟时蓝黑色,有光泽。干燥花蕾呈长棒状,略弯曲,长约2~3厘米,上部较粗,直径约1.5~3毫米。外表黄色或黄褐色,被有短柔毛及腺毛。基部有绿色细小的花萼,5裂,裂片三角形,无毛。剖开花蕾,则见5枚雄蕊及1枚雌蕊。花冠唇形,雌雄蕊呈须状伸出。气芳香,味微苦。以花未开放、色黄白、肥大者为佳。花期4—7月,果期6—11月。(见图4-5、图4-6)

图 4-5

图 4-6

【食用部位及采摘时节】

食用部位:花及花蕾。(见图 4-7、图 4-8)

图 4-7

图 4-8

采摘时节:金银花开花时间集中,一般在 5 月中下旬采第一次花,6 月中下旬采第二次花。

【保健功用】

《神农本草经》记载:"金银花性寒味甘,具有清热解毒、凉血化瘀之功效。"金银花味甘,性寒。归肺、心、胃经。具清热解毒、凉散风热之功效。用于痈肿疔疮、喉痹、丹毒、热毒血痢、风热感冒、温病发热。如治疗风热感冒的银翘解毒片、双黄连口服液,就以金银花为主药。

绿原酸是金银花的主要药用成分,具有清除体内自由基、抗氧化、抑制突变、抗肿瘤、保护心血管、保肝利胆、抗菌、抗病毒等作用,其在花蕾中的含量为5.3%。

【营养价值】

金银花营养丰富,含水分82%、粗蛋白13.05%、粗脂肪5.7%、粗多糖21%。花蕾含有最高的粗蛋白、粗多糖、绿原酸、异绿原酸A、铁、钾、磷、必需氨基酸和总氨基酸含量,次高的灰分、粗脂肪、维生素C、钠、铜含量。

【食用方法】

1. 三花茶

原料:金银花、菊花各10克,茉莉花3克。

做法:加入沸水泡茶饮用。

功效:清热解毒,辅助治疗头痛口渴、咽喉肿痛。

2. 金银花山楂饮

材料:金银花30克,山楂10克,蜂蜜250毫升。

做法：将金银花、山楂洗净，放入锅内，加水适量，置武火上烧沸。稍后将药液倒入小盆内，再煎熬一次倒出药液。将两次倒出的药液合并，放入蜂蜜，搅拌均匀即成。

功效：辛凉解表，适用于风热感冒、发热头痛、口渴等症。

3. 金银花肉片汤

材料：金银花 20 克，猪肉（瘦）250 克，料酒 10 毫升，姜 10 克，盐 3 克，味精 3 克，植物油 15 毫升，小白菜 100 克。

做法：将猪肉洗净，切薄片；金银花、小白菜洗净；姜切片。将炒锅置武火上烧热，加入植物油，烧至六成热，加入姜爆锅，下小白菜，加料酒，翻炒一下，加水适量，烧沸，下入猪肉、金银花，煮熟后加盐、味精即成。

功效：补虚损、清热解毒，肠伤寒康复期食用尤佳。

槐　花

引语：唐代诗人朱庆馀赋诗云："绿槐花堕御沟边，步出都门雨后天。日暮野人耕种罢，烽楼原上一条烟。"季春与孟夏，正是槐花开放的时节，雪白晶莹，团团锦簇，甜香宜人。

【中文名及别名】

中文名：槐花。

别名：洋槐花。

【食用渊源】

槐花又叫槐蕊,原产美国,17 世纪传入欧洲及非洲。中国于 18 世纪末从欧洲引入青岛栽培,后各地广泛栽植。槐花的民间吃法采用蒸法,即蒸槐花。将采摘好的槐花,去除杂质,洗净略晾干,与面拌之,上笼蒸熟,再入盐、味精、香油调之,有一种沁人心脾的甜香感。

【生长环境】

全国大部分地区均有分布。

【识别要点】

槐花为豆科植物刺槐的干燥花及花蕾。刺槐,落叶乔木,高 10~25 米;树皮灰褐色至黑褐色,小枝灰褐色,具托叶刺,羽状复叶长 10~25 厘米。总状花序腋生,下垂,花多数,芳香,花萼斜钟状,花冠白色,荚果褐色,或具红褐色斑纹,线状长圆形。(见图 4-9、图 4-10)

图 4-9

图 4-10

【食用部位及采摘时节】

食用部位:花朵及花蕾。(见图 4-11、图 4-12)

图 4-11

图 4-12

采摘时节:夏季 6—7 月花蕾形成时采收,及时干燥,除去枝、梗和杂质。

【保健功用】

槐花味甘,性微寒。归肝、大肠经。具凉血止血、清肝泻火之功效。用于便血、痔血、血痢、崩漏、吐血、衄血、肝热目赤、头痛眩晕等症。

现代药理研究表明,槐花所含的芸香苷,可增强毛细血管抵抗力,改善血管壁脆性,对高血压有防止脑血管破裂的功效。此外,槐花还有降血压、抗水肿、抗炎等作用。

【营养价值】

槐花含有丰富的蛋白质、脂肪、多种维生素和矿物质。每百克槐花中的氨基酸总量达 14.21 克。其中,必需氨基酸的总量每百克高达4950毫克，是苹果的66.9倍，橘子的32.1倍，葡萄的48.1倍，枸杞的2.16倍。槐花的蛋白质含量高达19.03%，是常见保健食品银杏仁的2.2倍。

【食用方法】

1. 槐花鸡蛋

材料：槐花150克、鸡蛋2个，面粉、盐、油适量，葱花、姜茸少量。

做法：槐花择好，用小苏打泡5分钟。捞起晾干，放一点盐拌均匀，待用。用水把面粉打成稀糊状，打鸡蛋，放葱花、姜茸、盐，充分搅拌均匀。倒入槐花拌均匀。锅里油温上来就倒入槐花糊液，抚平。待一面煎成金黄色，再翻另外一面煎香，即可食用。

功效：清肝泻火、凉血止血。

2. 蒸槐花

材料：槐花、面粉、花生油、盐、香油适量，小米椒1个。

做法：槐花择洗干净，加适量花生油拌匀。加适量面粉，拌至每朵花苞均匀沾满面粉。上屉大火蒸4分钟。加盐、香油、小米椒调味即可。

功效：凉血止血、抗菌消炎。

柳　絮

引语：《世说新语》记载，看见下雪，谢安咏道："白雪纷纷何所似？"其侄儿谢朗接上："撒盐空中差可拟。"其侄女谢道韫接的是："未若柳絮因风起。"世人皆道谢道韫有咏絮之才。

【中文名及别名】

中文名：柳絮。

别名：柳穗、柳实、柳子。

【食用渊源】

每年4—5月，柳絮与柳树叶同时生出。柳絮嫩时花色青绿，形如桑葚，花老时出白绵，如下雪般随风飘落。嫩柳絮不仅可以作为烹饪原料，而且还有一定的药用价值，常食有清热解毒、祛火明目的功效，春天吃嫩柳絮有益健康。另外，成熟的柳絮柔软如丝，用于做枕，对头痛失眠的病人，可以止痛催眠、早入梦乡。柳芽富含蛋白，既可食用药用又能泡茶饮服。

【生长环境】

生长于水边湿地，现全国各地均有分布。

【识别要点】

柳树属于乔木，高可达18米，树冠开展疏散。树皮灰黑色，不规则开裂。枝细，下垂，无毛。芽线形，先端急尖。叶狭披针形，长9~16厘米，宽0.5~1.5厘米，先端长渐尖，基部楔形，边缘具锯齿；叶柄长5~10毫米，有短柔毛；托叶仅生在萌发枝上。花序先叶或与叶同时开放；雄花序有短梗，轴有毛；雄蕊2，花药红黄色；苞片披针形，外面有毛；腺体2；雌花序有梗，基部有3~4小叶，轴有毛；子房椭圆形，无柄或近无柄，花柱短，柱头2~4深裂；苞片披针形，外面有毛；腺体1。蒴果长3~4毫米，带绿褐色，成熟后2裂。种子有绵毛。柳絮为杨柳科植物柳的带毛种子,柳穗色青绿,形如桑葚,为柳絮刚长出时的幼嫩果穗。花期 3—4 月,果期 4—5 月。(见图 4-13、图 4-14)

图 4-13

图 4-14

【食用部位及采摘时节】

食用部位:柳芽、柳穗。(见图 4-15、图 4-16)

图 4-15

图 4-16

采摘时节:春季采摘嫩柳芽、嫩柳絮。

【保健功用】

柳絮味苦，性凉。具凉血止血、解毒消痈之功效。主吐血、创伤出血、痈疽、恶疮等症。

【营养价值】

柳絮中含有丰富的人体必需微量元素铁、锰、锌、铜、钙等，可作为食物对人体补充微量元素。

【食用方法】

1. 蒜汁拌柳絮

材料：柳絮、大蒜、生姜、精盐、香醋、芝麻油、芥末油、辣椒油各适量。

做法：将柳絮洗净焯水，用凉水淘洗后沥干水分。姜、蒜制成蓉，与调料勾兑成汁，将柳絮拌匀即可装盘食用。

功效：清热解毒、祛火明目。

2. 柳絮素包子

材料：柳絮、面粉、粉条、葱、姜、鸡蛋、精盐、五香粉、老抽、大油、味精、芝麻油、色拉油各适量。

做法：将面粉加酵母、水和成面团，制成面皮待用。鸡蛋炒匀，粉条煮熟后剁碎，柳絮洗净焯水后剁碎，与调料一同拌成馅待用。将馅料包入面皮，制成包子，上笼蒸熟即可食用。

功效：凉血止血、解毒消肿。

3. 柳絮炒鸡蛋

材料：柳絮、鸡蛋、油、盐、鸡粉各适量。

做法:鸡蛋磕开后加鸡粉调匀,柳絮切碎备用。锅中放入油,五成热时下入柳絮炒匀。加少量盐调味后倒入鸡蛋。用中火将鸡蛋慢慢炒熟,确定鸡蛋完全断生后出锅即成。

功效:清热消炎、降压。

紫　藤

引语:《花经》中写道:"紫藤缘木而上,条蔓纤结,与树连理,瞻彼屈曲蜿蜒之伏,有若蛟龙出没于波涛间。仲春开花,披垂摇曳,宛如璎珞,坐卧其下,浑可忘世。"

【中文名及别名】

中文名:紫藤。

别名:招豆藤、朱藤、藤花菜、小黄藤、紫金藤、轿藤、黄环、藤萝、黄纤藤、小黄草。

【食用渊源】

紫藤原产于中国,有2000多年栽培历史。紫藤花为紫色或蓝紫色,稠密美观,气味芳香,广为人们喜爱。明代朱橚所著《救荒本草》把紫藤花称为"藤花菜",是"救命菜"。在河南、山东、河北一带,人们常采紫藤花蒸食。北京的紫萝饼和一些地方的紫藤糕、紫藤粥、炸紫藤鱼、凉拌葛花、炒葛花菜,都是用紫藤花做成的。

【生长环境】

生长于山坡、疏林缘、溪谷两旁，也栽培在庭院内。

【识别要点】

紫藤是落叶攀缘灌木，高达 10 米。茎粗壮，分枝多，茎皮灰黄褐色。奇数羽状复叶，互生，长 12～40 厘米；有长柄，叶轴被疏毛；小叶 7～13，叶片卵形或卵状披针形，先端渐尖，基部圆形或宽楔形，全缘，幼时两面有白色疏柔毛；小叶柄被短柔毛。总状花序侧生，下垂，花大，长 2.5～4 厘米；花萼钟状，先端浅裂，萼齿 5，上部萼齿不明显，疏生柔毛；花冠蝶形，紫色或深紫色，旗瓣大，外反，基部有 2 个附属体，翼瓣基部有耳，龙骨瓣钝，镰状，花蕊微弯；雄蕊 10，二体；花柱内弯，柱头顶生，半球状。荚果长条形，扁平，密生黄色绒毛。种子圆形，1～3 颗。花期 4—5 月，果期 9—11 月。（见图 4-17、图 4-18）

图 4-17

图 4-18

【食用部位及采摘时节】

食用部位：花蕾及花。（见图 4-19、图 4-20）

图 4-19

图 4-20

采摘时节：4—5 月待花半开之时采摘。

【保健功用】

紫藤花味微甜，具有消水肿、止疼痛的功效。

【营养价值】

紫藤花里的主要成分包括挥发油、花色苷等。挥发油主要包括脂肪酸衍生物、芳烃（苯丙素类）、萜类和含氮化合物，可起到镇静安神的作用。花色苷是以黄酮核为基础的一类物质中能呈现红色的类黄酮，由于其独特的功能性，而被应用于清除体内自由基、抗肿瘤、抗癌、抗炎、抑制脂质过氧化和血小板凝集、预防糖尿病、保护视力等。花色苷为一种天然色素，安全、无毒，且对人体具有许多保健功能，已被应用于食品、保健品、化妆品、医药等行业。

【食用方法】

1. 紫藤花饼

材料：面粉 70 克，油 80 克，紫藤花、白糖各适量。

做法：紫藤花洗净沥干用白糖腌 1 小时，20 克面粉加 50 克油、120 克水和成水油面团，50 克面粉加 30 克油和成油酥。面团醒半小时。醒好的面团揉光滑，包住油酥擀成椭圆形，折叠 3 次擀成长条，切成 8 个剂子。擀皮，包上腌好的紫藤花，收口、摁扁，入电饼铛烙至两面金黄即可食用。

功效：强健脾胃、清热去火、舒畅身心。

2. 紫藤花炒鸡蛋

材料：鸡蛋 3 个，紫藤花、油、盐各适量。

做法：取新鲜的紫藤花清洗干净后，放入开水里断生。鸡蛋打碎，加入断生后的紫藤花，一起搅拌均匀。炒锅预热，加入食用油，预热至适合温度时，倒入鸡蛋液，炒熟即可。

功效：健脾养胃、止吐止泄。

萱　草

引语：《博物志》中记载："萱草，食之令人好欢乐，忘忧思，故曰忘忧草。"

【中文名及别名】

中文名：萱草。

别名：黄花菜、金针菜、母亲花。

【食用渊源】

萱草自古以来就是美食。味鲜质嫩,营养丰富,含有糖、蛋白质、维生素C、钙、脂肪、胡萝卜素、氨基酸等人体所必需的养分,具有安神助眠的功效。

【生长环境】

生长于山坡、山谷、阴湿草地或林下。

【识别要点】

多年生草本,高30~90厘米。根茎极短,丛生多数肉质纤维根及膨大呈纺锤形的块根。叶基生,线形,先端渐尖,基部抱茎,全缘,主脉明显,在背面凸出。花茎圆柱状,自叶丛抽出,高出叶面。花6~10朵,集成伞房花序,两歧;苞片短卵状三角形;花梗长约2厘米;花大,橘红色或黄红色,无香味;花被下部管状,长约2.5厘米,上部钟状,6裂,裂片长椭圆形,排列为2轮,外轮3片,宽1.2~1.8厘米,内轮2片,边缘稍呈波状,脉纹分枝或接合;雄蕊6,突出花被外,花丝线状;子房长圆形,3室。蒴果长圆形,具钝棱,成熟时开裂。种子有棱角,黑色,光亮。花、果期5—7月。(见图4-21、图4-22)

【食用部位及采摘时节】

食用部位:花蕾。(见图4-23、图4-24)

采摘时节:6—8月花未开时采摘花蕾,可趁鲜食用,也可晒干备用。

图 4-21

图 4-22

图 4-23

图 4-24

【保健功用】

萱草味甘，性凉。具清热利尿、凉血止血之功效。对吐血、大便带血、小便不通、失眠、乳汁不下等有较好的疗效。现代研究表明，萱草花具有降脂、抗氧化、抗肿瘤、镇静安眠、抗抑郁、益智安神等多种生物活性成分。

需要注意的是,萱草花性凉,不宜多食,否则可能会造成胃肠道不适。

【营养价值】

萱草营养丰富,含有蛋白质、脂肪、胡萝卜素、膳食纤维、硫胺素及钙、磷、钠、镁、硒等人体所必需的营养成分。据分析,每百克萱草花的干制品中含蛋白质 14.1 克、脂肪 0.4 克、碳水化合物 60.1 克、钙 463 毫克、磷 173 毫克、铁 16.5 毫克、胡萝卜素 3.44 毫克、维生素 B_1 0.363 毫克、维生素 B_2 0.14 毫克、烟酸 4.1 毫克等,另外还含有多种氨基酸。

【食用方法】

鲜黄花菜中含有多种生物碱,多食会引起中毒现象,因此食用鲜黄花菜前必须经过开水漂烫浸泡,去掉有毒物质后方可食用。

1. 赤豆枣菜汤

材料:赤小豆、大枣、黄花菜各适量。

做法:将赤小豆、大枣、黄花菜洗净,加清水适量煮熟后,加入食盐、味精调匀即可。

功效:健脾利湿。

2. 黄花马齿苋粥

材料:黄花菜、马齿苋各 30 克,薏苡仁 20 克。

做法:将黄花菜发开,洗净;马齿苋洗净。薏苡仁洗净,加清水适量煮粥,待熟时放入黄花菜、马齿苋,煮至粥成即可。

功效:清肝泄热。

3. 黄花菜炒牛肉丝

材料：鲜黄花菜 250 克，去筋鲜瘦牛肉 250 克，精盐、味精、料酒、淀粉、葱、姜、花生油、鸡蛋清、鸡汤各适量。

做法：将鲜黄花菜去杂洗净，用滚水烫一下，入凉水浸泡 8 小时左右，捞出挤干水分；葱、姜洗净分别切成丝；鲜瘦牛肉切成 4.5 厘米长的丝，放入盘内，用精盐、味精、料酒、鸡蛋清、湿淀粉搅拌均匀浆好；将精盐、味精、料酒、酱油、湿淀粉、鸡汤调成浇汁。锅烧热，放入花生油，待油七成热时，倒入牛肉丝，用手勺轻轻推炒，炒散滑透，捞出沥油。锅内留底油，烧热时投入葱、姜，炒熟，倒入牛肉丝、黄花菜，浇汁，速炒几下，出锅盛盘即可。

功效：健脾胃、镇静安神。

木　槿

引语：“蝉始鸣，半夏生，木槿荣。”木槿花一开，夏已过半了。

【中文名及别名】

中文名：木槿。

别名：篱障花、清明篱、白饭花、朝开暮落花、喇叭花。

【食用渊源】

木槿花的营养价值极高，含有蛋白质、脂肪、粗纤维，以及还原糖、维生素 C、氨基酸、铁、钙、锌等，并含有黄酮类活性化合物。木槿花蕾，食之口感清脆，完全绽放的木槿花，食之滑爽。《本草纲目》记载:"此花朝开暮落,故名日及。"

【生长环境】

河堤、田埂、路边、山麓、沙地均可生长。

【识别要点】

木槿为落叶灌木,高 3~4 米。小枝密被黄色星状绒毛。叶互生;叶柄被星状柔毛;托叶线形,疏被柔毛;叶片菱形至三角状卵形,具深浅不同的 3 裂或不裂,先端钝,基部楔形,边缘具不整齐齿缺,下面沿叶脉微被毛或近无毛。花单生于枝端叶腋间,花梗被星状短绒毛;小苞片 6~8,线形,密被星状疏绒毛;花萼钟形,密被星状短绒毛,裂片 5,三角形;花钟形,淡紫色,花瓣倒卵形,外面疏被纤毛和星状长柔毛;花柱枝无毛。蒴果卵圆形,密被黄色星状绒毛。种子肾形,背部被黄色长柔毛。花期 7—10 月。(见图 4-25、图 4-26)

图 4-25

图 4-26

【食用部位及采摘时节】

食用部位：开放的花及花蕾。（见图 4-27、图 4-28）

图 4-27

图 4-28

采摘时节：夏季大暑至处暑间，选晴天早晨，花半开时采摘。

【保健功用】

木槿花味甘、苦，性凉，归脾、肺、肝经。具清热利湿、凉血解毒之功效。主肠风泻血、赤白下痢、痔疮出血、肺热咳嗽、咳血、白带、疮疖痈肿、烫伤等。

【营养价值】

每百克木槿鲜花含水分 94 克、蛋白质 1.3 克、脂肪 0.1 克、碳水化合物 2.8 克、钙 12 毫克、磷 36 毫克、铁 5.64 毫克、锌 4.32 毫克、烟酸 1 毫克。木槿花的含锌量在植物性食物中名列前茅。木槿花还含有丰富的植物营养素和生物活性物质，每百克木槿干花含有总黄酮 1.15 克、可溶性多糖 5.55 克、膳食纤维 9.6 克，膳食纤维能预防结肠癌、便秘、冠心病、糖尿病等疾病发生。

【食用方法】

1. 木槿花炖肉

材料：木槿花 100 克，猪肉 150 克，葱花、姜末各适量。

做法：将木槿花去杂洗净；猪肉洗净切块；锅内加猪肉和适量水，烧沸后，加入料酒、精盐、酱油、葱、姜，改为小火炖至肉熟，加入木槿花炖至入味，出锅即成。

功效：清热利湿、补中益气、养阴止血。

2. 木槿花蜜饮

材料：木槿花 50 克，蜂蜜适量。

做法：将木槿花去杂洗净，放锅内，加适量水煮 20 分钟，再加新鲜蜂蜜适量，煮至再沸，出锅即成。

功效：清热利湿、润燥通便、健脾益胃。

3. 酥炸木槿花

材料：木槿花 250 克，面粉 250 克，植物油 500 克，发面 50 克，精盐、味精、碱水、葱各适量。

做法：木槿花择洗干净，沥水；葱洗净，切成丝。先将发面用少量温水泡开，面粉加水搅拌成糊，静置发酵 3 小时左右，使用前投入少量花生油及碱水拌匀，再加入木槿花、葱丝、精盐、味精拌匀。锅放置旺火上，放入植物油烧至七成热时，取挂上糊的木槿花放入炸酥即可。

功效：清热利湿、润燥通便、健脾益胃。

第五章
果菜类常见野菜的识别及食用方法

榆　钱

引语:现代作家刘绍棠的散文《榆钱饭》中曾写道:“村前村后,河滩坟圈子里,一棵棵老榆钱树耸入云霄,一串串榆钱儿挂满枝头,就像一串串霜凌冰挂,看花了人眼,馋得人淌口水。……榆钱儿生吃很甜,越嚼越香。……我们捋满一大筐,背回家去,一顿饭就有着落了。”

【中文名及别名】

中文名:榆钱。

别名:榆实、榆子、榆仁、榆荚仁、白榆。

【食用渊源】

榆钱虽不起眼,却含有丰富的营养物质,不仅好吃,而且可以防病保健。在饥荒之年,榆钱是一种救人性命的充饥食粮。如今,人们不再为吃穿发愁,但榆钱清甜的味道依然被人们留恋。宋代《本草图经》写道:"榆,处处有之。三月生荚仁,古人采以为糜羹。"《本草纲目》也记载:"榆未生叶时,枝条间先生榆荚,形状似钱而小,色白成串,俗呼榆钱。""三月采榆钱可作羹,亦可收至冬酿酒。瀹过晒干可为酱,即榆仁酱也。"

【生长环境】

多生长于河堤、田埂和路边,山麓、沙地上亦有生长。

【识别要点】

榆钱为榆科植物榆树的翅果。形状似钱而小,色白成串,因其形圆薄如钱币,故而得名。由于它是"余钱"的谐音,因而就有吃了榆钱可以有余钱的说法。翅果近圆形,稀倒卵状圆形,长 1.2~2 厘米,除顶端缺口柱头面被毛外,余处无毛,果核部分位于翅果的中部,上端不接近或接近缺口,成熟前后其色与果翅相同,初淡绿色,后白黄色,宿存花被无毛,4 浅裂,裂片边缘有毛,果梗较花被为短,长 1~2 毫米,被(或稀无)短柔毛。(见图 5-1、图 5-2)

图 5-1

图 5-2

【食用部位及采摘时节】

食用部位:果实(榆钱)。(见图5-3、图5-4)

图5-3

图5-4

采摘时节:春季未出叶前,采摘未成熟的翅果。

【保健功用】

榆钱味微辛,性平。具安神健脾之功效。用于神经衰弱、失眠、食欲缺乏等症。

《食疗本草》中对榆钱的食疗作用记载较详:"能助肺气,杀诸虫,下气,令人能食。又心腹间恶气,内消之,陈者尤良。又涂诸疮癣妙。又卒患冷气心痛,食之瘥,并主小儿痫,小便不利。"

【营养价值】

榆钱营养十分丰富。据测定,每百克榆钱含水分85克、蛋白质3.8克、脂肪1克、碳水化合物8.5克、膳食纤维1.3克、灰分3.5克、钙280毫克、磷100毫克、维生素B_1 0.1毫克、维生素B_2 0.1毫克、烟酸1.4毫克、抗坏血酸9毫克。榆钱中含有丰富的铁、锌、铜、锰等对人体有益的微量元素,其中铁的含量最高,锌的含量也较高,其次是铜、锰。

需要注意的是,榆钱中也含有铅、镉等重金属元素,但含量都远低于国家限定范围。因此榆钱可吃,但不宜多吃。

【食用方法】

1. 榆钱窝头

材料:榆钱 150 克,玉米面 3 大勺,面粉 4 大勺,小苏打 1 克,蒜、生抽、陈醋、香油各适量。

做法:榆钱洗净控水,摘掉花蒂,使榆钱成一片一片的。放入盆中,加入面粉、玉米面、小苏打。分次加入冷水,边加边揉,能攥成团就可以了。捏成窝窝头,摆入刷过油的蒸屉内大火烧开,用中大火蒸 10 分钟即可(注意:窝窝头不要蒸太长时间,否则榆钱会变黑,影响外观)。将蒜捣成蒜泥,加入少许生抽、陈醋、香油搅匀,窝窝头蘸着蒜汁食用。

功效:健脾益胃、杀虫消肿、消热安神、止咳化痰。

2. 榆钱炒蛋

材料:榆钱 400 克,鸡蛋 4 个,食盐、植物油各适量。

做法:将榆钱择洗干净,将鸡蛋打入洗净的榆钱中搅散,放入食盐调味。锅烧热后倒油,放入蛋液,用大火将蛋液炒熟,装盘即可。

功效:消热安神。

酸　枣

引语：深秋酸枣成熟的季节，站在田间地头，将一颗颗玛瑙似的酸枣丢进嘴里品尝成熟的美味，那种酸爽的幸福就像被秋风吹向深邃蓝天的白云一样悠然自得。

【中文名及别名】

中文名：酸枣。

别名：棘、棘子、山酸枣、山枣、野枣。

【食用渊源】

酸枣自古野生于我国。果实圆形或扁圆形、椭圆形等，果皮红色或紫红色，果肉较薄、疏松，味酸甜。《唐本草》记载："此（酸枣）即枣实也，树大如大枣，实无常形，但大枣中味酸者是。《本经》唯用实，疗不得眠，不言用仁，今方用其仁补中益气。自补中益肝已下，为酸枣仁之功能。"

【生长环境】

生长于向阳或干燥的山坡、山谷、丘陵、平原、路旁以及荒地。

【识别要点】

酸枣为鼠李科枣属植物的果实，果肉为酸枣肉，果核为酸枣仁。酸枣树为落叶灌木，稀为小乔木，高1~3米。老枝灰褐色，幼枝绿色；于分枝基部处具刺1对，一枚针形直立，长达3厘米，另一枚向下弯曲。单叶互生；托叶针状；叶片长圆状卵形至卵状披针形，先端钝，基部圆形，稍偏斜，边缘具细锯齿。花小，2~3 朵簇生于叶腋；花瓣 5，黄绿色。核果肉质，近球形，成熟时暗红褐色，果皮薄，有酸味。花期 6—7 月，果期 9—10 月。（见图 5-5、图 5-6）

图 5-5

图 5-6

【食用部位及采摘时节】

食用部位：酸枣果肉。（见图 5-7、图 5-8）

图 5-7

图 5-8

采摘时节：秋后果实成熟时采收。

【保健功用】

酸枣全身都是宝,酸枣的果实、根皮(酸枣根皮)、棘刺(棘针)、叶(棘叶)、花(棘刺花)都具有一定的药用保健价值,主要为安神收敛的作用。

酸枣肉味酸,性平,具止血止泻之功效,治疗出血、腹泻。酸枣仁味甘、酸,性平,归肝、胆、心经,补肝,宁心,敛汗,生津,用于虚烦不眠、惊悸多梦、体虚多汗、津伤口渴。酸枣根味涩,性温,主治失眠、神经衰弱。酸枣根皮味涩,性温,具止血、涩精、收湿敛疮之功效,主治便血、崩漏、滑精、带下、烧烫伤等。

【营养价值】

酸枣营养丰富,每百克酸枣中含蛋白质 3.5 克、脂肪 1.5 克、碳水化合物 73.3 克、不溶性膳食纤维 10.6 克、钠 4 毫克、镁 96 毫克、磷 95 毫克、钾 84 毫克、钙 435 毫克、锰 0.86 毫克、铁 6.6 毫克、铜 0.34 毫克、锌 0.68 毫克、硒 1.3 微克、维生素 B_1(硫胺素)0.01 毫克、维生素 B_2(核黄素)0.02 毫克、烟酸(烟酰胺)0.9 毫克、维生素 C(抗坏血酸)900 毫克。酸枣果肉中含有 17 种氨基酸,每百克酸枣果肉含赖氨酸 0.14 毫克、精氨酸 0.20 毫克、谷氨酸 0.38 毫克。

【食用方法】

1. 酸枣水果茶

材料:红茶包 1 个,酸枣 10 颗,菠萝 1 块,草莓 3 个,雪梨 2 块,冰糖 1 块。

做法:水壶中兑水,把红茶包和酸枣放进去,加热煮沸。水沸腾后放入冰糖。菠萝、草莓、雪梨分别切丁,放入水壶中,加热煮沸,保温即可。

功效:安神定志、缓解失眠。

2. 酸枣粥

材料:糯米 30 克,酸枣 6 颗,白糖适量。

做法:将酸枣洗净,取出核,砸出酸枣仁来。糯米浸泡片刻后洗净。锅内放入清水,放入糯米和酸枣仁加热,待粥煮开后放入酸枣果肉。加适量白糖调味即可。

功效:宁心安神。

龙　葵

引语:龙葵多糖,是龙葵的主要活性成分之一,不仅能够增强机体的免疫功能,还能明显抑制宫颈癌细胞生长。

【中文名及别名】

中文名:龙葵。

别名:苦菜、苦葵、老鸦眼睛草、天茄子、天天茄、黑茄。

【食用渊源】

龙葵始载于《药性论》。龙葵果为球形浆果,成熟后为乌黑色,可生食。龙葵果含有丰富的蛋白质、碳水化合物、微量元素和多种维生素,其中含有的龙葵多糖、生物碱具有调节机体免疫力和抗肿瘤的作用。《食疗本草》写道:“龙葵菜煮作羹粥,食之并得。”

【生长环境】

生长于村边、田边、路旁、山坡林缘、草地上。

【识别要点】

一年生草本,高 25~100 厘米。茎直立,有棱角或不明显,近无毛或稀被细毛。叶互生;叶片卵形,先端短尖,基部楔形或宽楔形并下延至叶柄,全缘或具不规则波状粗锯齿,光滑或两面均被稀疏短柔毛。蝎尾状聚伞花序腋外生,由 3~6 朵花组成;花梗长,5 深裂,裂片卵圆形,雄蕊 5,着生花冠筒口,花丝分离,花药黄色,顶孔向内;雌蕊 1,球形,子房 2 室,花柱下半部密生白色柔毛,柱头圆形。浆果球形,未成熟时为青绿色,熟时黑色,有光泽,直径约 8 毫米,种子多数扁圆形。(见图 5-9、图 5-10)

图 5-9

图 5-10

【食用部位及采摘时节】

食用部位:果实、种子、嫩叶。(见图 5-11、图 5-12)

图 5-11

图 5-12

采摘时节:秋季果实成熟时采收,叶子春季采收。

【保健功用】

龙葵味苦,性寒。具清热解毒、活血消肿之功效。主治咽喉肿痛、疔疮、痈肿、丹毒、跌打扭伤、咳嗽痰喘。国内外学者研究发现,鲜龙葵果还具有抗氧化、抗疲劳、抗病原微生物、免疫调节等作用。

需要注意的是,龙葵果含有大量的龙葵碱,不宜过量食用,过量食用后会出现呕吐和腹泻等多种中毒症状,对身体不利。

【营养价值】

龙葵果实营养丰富,龙葵果中含水分 77.8%、蛋白质 3.08%、淀粉 1.22%、粗纤维 2.01%、果胶 0.65%、灰分 1.56%、总糖 7.22%、还原糖 5.84%、单宁 0.084%、总酸度 0.905%、有效酸度 pH 4.69%,还含有大量的维生素 C。多糖作为龙葵果中含量较多的成分,具有抗氧化、抗疲劳、提高免疫、抗肿瘤以及保护肝脏等诸多作用。

【食用方法】

龙葵中含有龙葵素、茄碱等有毒物质,可生食,食用前必须经开水漂烫浸泡,去掉有毒物质后方可食用。

1. 龙葵果酱

材料:龙葵果、冰糖各适量。

做法:选择自然成熟的龙葵果,洗净后放在盆中用力揉搓,把果皮全部去掉,余下的果肉加入适量冰糖腌制 2 小时。把腌好的龙葵果肉直接放在锅中加热,煮至开锅以后再熬半小时左右,熬成浓稠的酱状以后关火即可。

功效:补充能量、止咳平喘、解热镇痛、消炎消肿。

2. 凉拌龙葵

材料:龙葵嫩叶、豆腐丝、木耳、盐、香油、味精、白糖各适量。

做法:将龙葵嫩叶焯水,加入盐、香油、味精、白糖等调料,再加入豆腐丝、木耳,直接凉拌,即可食用。

功效:清热解毒、活血消肿。

3. 龙葵鸡蛋瘦肉汤

材料:龙葵嫩叶、鸡蛋、猪肉(瘦)、盐、鸡精各适量。

做法:将龙葵嫩叶清洗干净,沥干水分备用。热锅少油,煎鸡蛋,倒入适量开水煮沸。猪肉剁碎,放入沸水中煮熟。锅中加入龙葵,充分煮熟后放入适量盐、鸡精调味即可。

功效:活血消肿、抗衰老。

枸　杞

引语:《保寿堂方》载枸杞"性平,常服能除邪热,明目轻身。春采枸杞叶,名天精草;夏采花,名长生草;秋采子,名枸杞子;冬采根,名地骨皮"。

【中文名及别名】

中文名:枸杞。

别名:甜菜子、西枸杞、狗奶子、红青椒、枸蹄子、枸杞果、地骨子、枸茄茄、红耳坠、血枸子。

【食用渊源】

枸杞具有药食两用的特点,性平和,味甘甜,有滋补肝肾、益精明目的功效,尤其适宜于老年人服用,有延年益寿的功效。《神农本草经》中对枸杞有"久服轻身不老"的评价。我国民间也有泡饮枸杞酒的习俗,并把它叫作"却老子",意思是能防老。随着人们保健意识的增强,枸杞的营养保健价值日益受到重视。

【生长环境】

生长于沟崖及山坡或灌溉地埂和水渠边等处。野生和栽培均有。

【识别要点】

灌木,高 1~3 米。主茎数条,粗壮;小枝有纵棱纹,有不生叶的短刺和生叶、花的长刺;果枝细长,通常先端下垂,外皮淡灰黄色,无毛。叶互生或数片簇生于短枝上;叶柄短;叶片披针形或长圆状披针形,上面深绿色,背面淡绿色,无毛。花腋生,常单1或2~6朵簇生在短枝上;花梗细;花萼钟状;花冠漏斗状,粉红色或淡紫红色,具暗紫色脉纹。浆果卵圆形、椭圆形或阔卵形,红色或橘红色,果皮肉质。种子多数,近圆肾形而扁平,棕黄色。新鲜的浆果卵圆形、椭圆形或阔卵形,红色或橘红色,果皮肉质。晒干后,略扁,表面鲜红色或暗红棕色,微有光泽,有不规则皱纹,顶端略尖,有小凸起状的花柱痕,基部有白色的果柄痕。果皮柔韧,皱缩;果肉厚,柔润而有黏性,内有种子多数。种子扁肾形。气微,味甜、微酸。花期5—10月,果期6—11月。(见图5-13、图5-14)

图5-13

图5-14

【食用部位及采摘时节】

食用部位:果实、根、茎叶。(见图5-15、图5-16)

图 5-15

图 5-16

采摘时节:冬采根,春、夏采叶,秋采茎、实。6—11 月果实陆续红熟,趁鲜分批采收果实。春初或秋后采挖根部,洗净,剥取根皮,晒干。

【保健功用】

枸杞子味甘,性平。归肝、肾经。具滋补肝肾、益精明目之功效。用于虚劳精亏、腰膝酸痛、眩晕耳鸣、阳痿遗精、内热消渴、血虚萎黄、目昏不明。枸杞子可单味煮服或浸泡于白酒中做药酒服,也可与其他药物配伍同服。

枸杞叶的药用方法在我国唐朝就有记载。甄权在《药性论》中说:"用枸杞叶作饮代茶,能止渴、清烦热、益阳事。"枸杞叶代茶常饮,能显著提高和改善老年人的免疫和生理功能。

【营养价值】

枸杞富含糖类、黄酮类和生物碱类成分,具有调节免疫功能、抗氧化、抗衰老、降血脂、降血糖和抗肿瘤等作用。每百克干枸杞子含有能量42千卡、蛋白质0.5克、水分75克、碳水化合物10.6克、糖10.6克、钠6毫克、镁11毫克、磷28毫克、钾250毫克、钙30毫克、铁0.5毫克、铜0.17毫克、维生素C 2毫克。

枸杞叶中含有丰富的蛋白质、矿物质、B族维生素和牛磺酸。一年生的枸杞叶中，每百克含碳水化合物38.30毫克、脂质0.25克、钠483.25毫克、钾317.16毫克、氨基酸7.98克。四年生的枸杞叶中，每百克含蛋白质34.42克、钙385.82毫克、甜菜碱981.50毫克、牛磺酸481.02毫克。

【食用方法】

1. 枸杞八宝茶

材料：贡菊2朵，金银花8朵，红枣1颗，胖大海1颗，莲子芯8粒，枸杞子5颗，西洋参1片，陈皮2片，冰糖适量。

做法：以沸水冲泡，当茶饮用。此为一天用量，可反复冲泡。

功效：生津润肺，对稳定血压有一定的辅助效果。

2. 人参枸杞茶

材料：人参20克，枸杞10克。

做法：将人参放入热水中煮开，再加入枸杞用小火煮约1分钟即可。也可直接将参须和枸杞放入茶壶内，用开水冲泡。

功效：补脾益肺、生津、安神。

3. 枸杞菊花茶

材料：菊花10克，枸杞10克。

做法:将菊花、枸杞放入茶壶内,加入开水,10 分钟后便可饮用。脾胃虚弱者,可加入几枚大枣。

功效:滋阴补精、清肝明目。

山　楂

引语:中药中有名的"焦三仙"(焦山楂、焦麦芽、焦神曲),是助消化、治腹泻、健脾胃的常用药,山楂丸、保和丸等儿童常用的助消化药中也都选用了山楂。

【中文名及别名】

中文名:山楂。

别名:山里红、野山楂、酸梅子、山梨。

【食用渊源】

山楂为蔷薇科苹果亚科山楂属植物,在中国有悠久的食用和药用历史,是卫健委批准的药食两用中药。其果皮鲜红或紫红,果肉松软,不仅美味可口,营养价值和药用价值都很高。

【生长环境】

生长于山坡、田野、村庄附近等向阳处。

【识别要点】

落叶乔木,高达 6 米。枝刺长 1~2 厘米,或无刺。单叶互生;叶柄长 2~6 厘米;叶片阔卵形或三角状卵形,长 6~12 厘米,宽 5~8

厘米,有 2~4 对羽状裂片,先端渐尖,基部宽楔形,上面有光泽,下面沿叶脉被短柔毛,边缘有不规则重锯齿。伞房花序,直径 4~6 厘米;萼筒钟状,5 齿裂;花冠白色,直径约 1.5 厘米,花瓣 5,倒卵形或近圆形;雄蕊约 20,花药粉红色;雌蕊 1,子房下位,5 室,花柱 5。梨果近球形,直径可达 2.5 厘米,深红色,有黄白色小斑点,萼片脱落很迟,先端留下一圆形深洼;小核 3~5,向外的一面稍具棱,向内面侧面平滑。果实外皮红色,具皱纹,有灰白小斑点。果肉深黄色至浅棕色。中部横切片具 5 粒浅黄色果核,但核多脱落而中空。有的片上可见短而细的果梗或花萼残迹。气微清香,味酸、微甜。花期 5—6 月,果期 8—10 月。(见图 5-17、图 5-18)

图 5-17

图 5-18

【食用部位及采摘时节】

食用部位:果实。(见图 5-19、图 5-20)

图 5-19

图 5-20

采摘时节:秋季果实成熟时采收。

【保健功用】

山楂有重要的药用价值,自古以来就是健脾消食的良药,尤其善消肉食油腻之积。山楂味酸、甘,性微温,归脾、胃、肝经。消食健胃,行气散瘀,用于肉食积滞、胃脘胀满、泻痢腹痛、瘀血经闭、产后瘀阻、心腹刺痛、疝气疼痛、高脂血症。焦山楂消食导滞作用增强,用于肉食积滞、泻痢不爽,常见的开胃健脾药有山楂丸、保和丸、焦三仙等。

现代医学研究表明,山楂具有促进消化酶分泌、调节胃肠平滑肌、抗氧化、扩张血管、降血压、降血脂、强心和抗心律不齐、抑菌等药理活性。

【营养价值】

山楂鲜果富含多种营养成分及多酚类功效成分,具有较强的抗氧化能力。山楂鲜果中碳水化合物主要由果糖和葡萄糖组成,其含量为1.57%~4.28%。山楂果实含水量均值为75.5%。山楂含有少量的膳食纤维,每百克山楂果实中膳食纤维的含量为5.79~8.07克。山楂富含维生素C,每百克中含维生素C 72.3~97.7毫克。每百克山楂中,β-胡萝卜素含量为100~208毫克。山楂还含有多种矿物质,每百克中钾含量最高,为232.25~311.30毫克,其次是钙和磷,含量分别为20.29~37.45毫克、11~25毫克,铁和锌的含量均低于1.50毫克。

【食用方法】

1. 山楂粥

材料:山楂30~40克,粳米100克,砂糖10克。

做法:先将山楂入砂锅煎煮,去渣取汁,然后加入粳米、砂糖煮粥。可在两餐之间当点心服食,不宜空腹食。

功效:健脾胃、消食积、散瘀血。

2. 山楂薏米粥

材料:山楂25克,薏米50克,粳米100克,盐、葱白各适量。

做法:山楂洗净,与薏米、粳米同煮成稠粥,加盐、葱白适量调食。

功效:清热、利湿、养胃。

3. 蜂蜜山楂粥

用料:山楂30克,糯米50克,蜂蜜50克。

做法:先将糯米、山楂洗净,放入沸水中煮粥,粥成后调入蜂蜜即可食用。早晚各1次,热食。

功效:补中益气、滑肠通便。

桑　葚

引语:桑葚又叫桑果,为桑科落叶乔木桑树的成熟果实,成熟的鲜果味甜汁多,是人们常食的水果之一,有"民间圣果"的美誉,民间素有"四月桑葚赛人参"的说法。

【中文名及别名】

中文名:桑葚。

别名:桑实、葚、乌椹、文武实、黑椹。

【食用渊源】

成熟的桑葚质油润,酸甜适口,以个大、肉厚、色紫红、糖分足者为佳。桑葚食用历史悠久,《本草纲目》记载:"史言魏武帝军乏食,帝得干葚以济饥。金末大荒,民皆食葚,获活者不可胜计。"现代研究证实,成熟的桑葚营养丰富,常吃桑葚能显著提高人体免疫力,具有延缓衰老、美容养颜的功效。

【生长环境】

桑葚在我国分布广泛,南北方都可见桑葚的身影。桑葚喜温暖湿润气候，稍耐荫，生长在丘陵、山坡、村旁、田野等地。

【识别要点】

桑葚为桑科植物桑的干燥果穗。桑树为落叶灌木或小乔木，高 3 ~ 15 米。树皮灰白色，有条状浅裂。单叶互生；叶柄长 1~2.5 厘米；叶片卵形或宽卵形，先端锐尖或渐尖，基部圆形或近心形，边缘有粗锯齿或圆齿，上面无毛，有光泽，下面脉上有短毛。花单性，雌雄异株。果实为瘦果，多数密集成一卵圆形或长圆形的聚合果，初时绿色，成熟后变肉质、黑紫色或红色。种子小。桑葚为聚合果，由多数小瘦果集合而成，呈长圆形，黄棕色、棕红色至暗紫色，有短果序梗。小瘦果卵圆形，稍扁，外具肉质花被片 4 枚。气微，味微酸而甜。花期 4—5 月，果期 5—6 月。（见图 5-21、图 5-22）

图 5-21

图 5-22

【食用部位及采摘时节】

食用部位:果实。(见图 5-23、图 5-24)

图 5-23

图 5-24

采摘时节:4—6 月果实变红时采收。

【保健功用】

桑葚味甘、酸,性寒。归心、肝、肾经。具补血滋阴、生津润燥之功效。用于眩晕耳鸣、心悸失眠、须发早白、津伤口渴、内热消渴、血虚便秘。现代药理研究表明,桑葚入胃能补充胃液的缺乏,促进胃液的消化,入肠能刺激胃黏膜,促进肠液分泌,增进胃肠蠕动,因而有补益强壮之功。

需要注意的是,脾胃虚寒便溏者禁食桑葚。

【营养价值】

成熟的桑葚具有含量极高的蛋白质营养成分以及优质的脂肪

与碳水化合物,在纤维素含量与矿物质含量方面居同类水果首位,因此营养价值极高。据测定,鲜桑葚中含有总糖、游离酸、粗纤维、蛋白质、维生素以及氨基酸等。

桑葚中含有多种氨基酸,其中包括 7 种人体必需氨基酸和 12 种非必需氨基酸,氨基酸种类较全。桑葚中还含有丰富的微量元素及矿物质成分。在对桑葚成分的研究中,发现桑葚还含有磷元素,每百克中含量为 317 毫克,以及另外一种生命所必需的微量元素硒,每百克中含量为 4.6 微克,为百果之首。此外在桑葚中还含有抗衰老微量元素钼、锶。

【食用方法】

1. 桑葚果酒

材料:鲜桑葚 500 克,米酒 1000 毫升。

做法:取新鲜熟透的桑葚,加入米酒中,浸泡 1~2 个月,即可饮用。每日 2 次,每次 1 小杯。

功效:生津活血。

2. 桑葚糯米粥

材料:桑葚 30 克(或鲜桑葚 60 克),糯米 60 克,冰糖适量。

做法:取桑葚和糯米加入锅中,加水适量,加热煮粥。待熟后调入冰糖少许服食。

功效:滋养肝肾、养血明目。

3. 桑葚膏

材料:桑葚 1000 克,蜂蜜适量。

做法:先将桑葚洗净,倒入砂锅中,加水适量,大火煎30分钟后把煎汁倒出。再往砂锅里续上适量开水,盖上锅盖煎30分钟后把煎汁倒出。续上适量开水,再煎一次,30分钟后把第三次的煎汁也倒出来。然后把3次得到的煎汁全部倒回砂锅,用大火煎煮。等到煎汁浓缩黏稠时再加入蜂蜜,继续熬煮,沸时关火。冷却后装入瓶中,以便长期服用。

功效:滋阴补血。

酸　浆

引语:酸浆是穿着"裙子"的姑娘果,酸浆成熟时挂满枝头,如同一串串灯笼,别具特色。

【中文名及别名】

中文名:酸浆。

别名:酸泡、姑娘儿、菇茑、灯笼草、灯笼果。

【食用渊源】

酸浆是茄科酸浆属植物,以果实供食用,是营养较丰富的水果蔬菜。可生食、糖渍、醋渍或做果浆。果实香味浓郁,味鲜美。酸浆食用历史悠久,在《诗经》中即有酸浆的记载。

【生长环境】

生长于村旁、路边、旷野、山坡及林缘等处。

【识别要点】

多年生直立草本植物,株高 50~80 厘米,地上茎常不分枝,有纵棱,茎节膨大,幼茎被有较密的柔毛。根状茎白色,横卧地下,多分枝,节部有不定根。叶互生,每节生有 1~2 片叶,叶有短柄,叶片卵形,先端渐尖,基部宽楔形,边缘有不整齐的粗锯齿或呈波状,无毛。花 5 基数,单生于叶腋内,每株 5~10 朵。花萼绿色,5 浅裂,花后自膨大成卵囊状,基部稍内凹,薄革质,成熟时橙红色或火红色;花冠辐射状,白色,雄蕊 5,花药黄色,子房上位,2 心皮 2 室,柱头头状。浆果球状,橙红色,直径 10~15 毫米,柔软多汁。外层果萼卵状,薄革质,网脉显著,有 10 纵肋,橙色或火红色,被宿存的柔毛,顶端闭合,基部凹陷。种子肾脏形,淡黄色,长约 2 毫米。花期 5—9 月,果期 6—11 月。(见图 5-25、图 5-26)

图 5-25

图 5-26

【食用部位及采摘时节】

食用部位:果实。(见图 5-27、图 5-28)

图 5-27

图 5-28

采摘时节:6—10 月采摘新鲜成熟的果实。

【保健功用】

酸浆味酸,性凉。入肺、脾二经。具有清热、解毒、利尿、降压、强心、抑菌等功效。主治热咳、咽痛、音哑、急性扁桃体炎、小便不利和水肿等病。

需要注意的是,孕妇以及身体虚弱和下泻的患者忌食酸浆。

【营养价值】

酸浆果实中含有人体需要的多种营养成分,其中钙的含量是西红柿的 73.1 倍、胡萝卜的 13.8 倍,维生素 C 的含量是西红柿的 6.4 倍、胡萝卜的 5.4 倍。它具有独特的风味和丰富的营养,是加工饮料、果酒等饮品的好原料。

【食用方法】

1. 酸浆芝士华夫饼

材料:酸浆 30 克,华夫饼 2 块,奶油芝士 250 克,黄油 1/2 杯,香草精、盐各适量。

做法：奶油芝士、黄油室温软化，加上香草精、盐搅拌均匀，制成芝士奶油酱；华夫饼涂上一层芝士奶油酱，铺上酸浆；放上一块华夫饼，淋上芝士奶油酱，点缀上酸浆即可。

功效：清热、解毒、利尿。

2. 酸浆干果

材料：酸浆适量。

做法：把新鲜的酸浆果采收以后去掉包衣，从中间切开，然后在阳光下晾晒干即可。也可以直接把它放在烤箱的烤盘中，用中火烤制，10 分钟左右就能得到自制的干果。既能直接吃，也能用来泡水。

功效：润肺清肺、养护咽喉。

马泡瓜

引语：马泡瓜外形酷似“迷你版”西瓜，很多人都见过并且吃过它，但是能叫得上它名字的却是凤毛麟角。马泡瓜的体型都比较小，最大的也不过鹅蛋一般。

【中文名及别名】

中文名：马泡瓜。

别名：马宝蛋、小野瓜、小马泡、毛皮瓜、绿银铛瓜。

【食用渊源】

马泡瓜是葫芦科黄瓜属一年生匍匐或攀缘草本植物,其果实形似山楂大小,味苦,成熟后可食,味香甜。研究发现,马泡瓜是一种能够多用、经济价值较高的野生植物,种子里含有大量的油分,可榨油,是一种很好的、极有发展前途的油料作物。

【生长环境】

生长于田地、林园或荒地。

【识别要点】

植株纤细,茎蔓生,茎上每节有一根卷须。叶有柄,呈楔形或心脏形,叶面较粗糙,有刺毛。花黄色,雌雄同株同花,花冠具有3~5裂,子房长椭圆形,花柱长1~2毫米,柱头3枚。果实有大有小,最大的像鹅蛋,最小的像纽扣。瓜味有香有甜,有酸有苦,瓜皮颜色有青色,花色,白色带青条的。种子淡黄色,扁平,长椭圆形,表面光滑,种仁白色。花期7—8月。(见图5-29、图5-30)

图5-29

图5-30

【食用部位及采摘时节】

食用部位:果实。(见图 5-31、图 5-32)

图 5-31

图 5-32

采摘时节:夏末秋初果实成熟时采摘。

【保健功用】

马泡瓜味甘、性凉、无毒性,具清热解毒、利尿等功效。

【营养价值】

马泡瓜中含有丰富的维生素 C、维生素 E、精氨酸、葫芦素 C、丙醇二酸、果糖、葡萄糖甙以及钙、铁等矿物质。

【食用方法】

1. 直接食用

自然成熟以后的马泡爪可以直接鲜食,去掉瓜瓤,直接吃果肉。

2. 凉拌

有些没有熟透的马泡瓜，洗净以后去掉瓜皮和瓜瓤，将瓜肉切成丝状，用沸水焯 2 分钟取出，过冷水降温。再根据个人的口味适当加入盐、生抽、白糖、醋、香油等调味料，拌匀即可。

3. 榨汁

马泡瓜也可以榨汁食用。把新鲜的马泡瓜用清水洗净，去掉瓜瓤以后切成块状，放到榨汁机中榨出汁液，加入适量蜂蜜或者白糖调味，调匀以后可以直接饮用。

此外，马泡瓜晒干后，泡水喝也另有一番风味。

仙人掌

引语：仙人掌的果实营养丰富，富含多种功能性成分，不仅是一种营养价值极其显著的水果，同时在预防糖尿病、肥胖症、动脉粥样硬化等退行性疾病方面具有潜在应用价值。

【中文名及别名】

中文名：仙人掌。

别名：千岁子、凤栗、仙巴掌、玉芙蓉。

【食用渊源】

仙人掌的果实又名仙掌子，由果皮、果籽和果肉组成。我国很早就开始关注仙人掌的药用价值，清代赵学敏的《本草纲目拾遗》

提到，仙人掌味淡性寒，入心、肺、胃三经，可行气活血、清热解毒、消肿止痛、健脾止泻、安神利尿。

【生长环境】

生长于向阳干燥的山坡、石上、路旁或村庄。

【识别要点】

灌木，高1~3米。茎下部稍木质，近圆柱形，上部肉质，扁平，绿色，具节；每节卵形至矩圆形，光亮，散生多数瘤体，每一小瘤体上密生黄褐色卷曲的柔毛，并有利刺。叶肉质细小，披针形，先端尖细，紫红色，基部绿色，生于每个小瘤体的刺束之下，早落。花黄色，单生或数朵丛生于扁化茎顶部边缘；雄蕊多数，数轮排列，花药2室；雌蕊1，花柱白色，圆柱形，通常中空，柱头6裂。仙人掌果属浆果，肉质，卵圆形，长5~7厘米，紫红色，被细硬毛；种子多数。（见图5-33、图5-34）

图5-33

图5-34

【食用部位及采摘时节】

食用部位:果实、茎。(见图 5-35、图 5-36)

图 5-35

图 5-36

采摘时节:茎四季可采,鲜用或切片晒干。果实熟时采收。

【保健功用】

仙人掌果实味甘,性凉。归胃经。具益胃生津、除烦止渴之功效。主治烦热口渴等。

仙人掌茎味苦,性寒。归心、肺、胃经。具行气活血、清热解毒、凉血止血、清肺止咳之功效。主胃痛、痞块、痢疾、喉痛、肺热咳嗽、肺痨咯血、吐血、痔血、疮疡疔疖、乳痈、癣疾、蛇虫咬伤、烫伤、冻伤等。

【营养价值】

仙人掌果实营养成分丰富多样,属于高蛋白、高膳食纤维、低脂肪、低糖的水果，且富含维生素、矿物质和黄酮类等功效成分。研究显示，仙人掌果实含水分 87.58%、灰分 0.53%。每百克仙人掌果实中，含粗蛋白 3.59 克、粗脂肪 0.051 克、粗纤维 2.15 克、膳食纤维 2.75 克、总糖 4.84 克、还原糖 4.52 克、总酸 0.22 克、氨基酸态氮 0.069 克、钙 36.5 毫克、磷 46.82 毫克、铁 3.38 毫克、镁 80.3 毫克、锌 1.82 毫克、维生素 C 16.77 毫克、维生素 B 19.21 毫克、总黄酮 2.7 毫克。

【食用方法】

1. 仙人掌果酱

材料：仙人掌果、冰糖各适量。

做法：把仙人掌果的果肉取出，放入锅中，加入适量冰糖一起熬制，等锅中的果肉变成黏稠的酱状时关火，降温以后密封保存起来。

功效：清心泻火、清热除烦、抗氧化、延缓衰老、滋养肌肤。

2. 仙人掌果汁

材料：仙人掌果适量。

做法：将仙人掌果的果肉取出，放到搅拌机中打碎，再用滤网过滤，去籽，将果汁倒入杯中即可。

功效：清心泻火、清热除烦、抗氧化、延缓衰老、滋养肌肤。

3. 凉拌仙人掌

材料：食用仙人掌叶 200 克，盐、糖、麻油适量。

做法：仙人掌洗净，去皮去刺，切成方便食用的条状，置于盐水中浸泡20分钟。取出仙人掌条,清洗干净,放入盐、糖、麻油等拌匀即可(可根据个人口味自行增减调料,如放入辣椒、醋、蒜蓉或水果等)。

功效:清心泻火、清热除烦、抗氧化、延缓衰老、滋养肌肤。

4. 滑蛋仙人掌

材料:食用仙人掌叶200克,鸡蛋2个,食用油、盐适量。

做法:仙人掌洗净,去皮去刺,切小块备用。热油,鸡蛋炒至七分熟,随后放入仙人掌块炒熟,放入适量盐,翻炒均匀即可。

功效:清心泻火、清热除烦、抗氧化、延缓衰老、滋养肌肤。

地梢瓜

引语:地梢瓜又叫羊不奶果,全草可以入药,功效很多,有清虚火、益气生津、下乳等功效。

【中文名及别名】

中文名:地梢瓜。

别名:羊角瓜、麻奶奶、地瓜瓢、羊不奶果、小丝瓜、浮瓢棵。

【食用渊源】

地梢瓜是老少皆宜的天然蔬果,嫩果生食可生津止渴,含丰富的乳汁,是很好的天然补品。民间自古有采食地梢瓜的习惯,秋季采集其嫩果实,可生食,也可用开水烫过凉拌。

【生长环境】

生长于路旁、沟边、山坡草丛、沙荒地上。

【识别要点】

多年生草本，高约 20 厘米。地下茎单轴横生。茎直立或斜升，多分枝，密被柔毛，有白色乳汁。单叶对生；叶片线形，先端尖，基部稍狭，全缘，下面中脉隆起。聚伞花序腋生；花小，黄白色；花冠钟形，5 深裂，副花冠浅筒形，上部 5 裂，裂片与花冠裂片互生；雄蕊 5，花丝短；2 心皮，分离。蓇葖果纺锤形，两端短尖，中部宽大，长约 6 厘米，宽约 2 厘米。花期 5—8 月，果期 8—10 月。（见图 5-37、图 5-38）

图 5-37

图 5-38

【食用部位及采摘时节】

食用部位：嫩果。（见图 5-39、图 5-40）

图 5-39

图 5-40

采摘时节:8—10 月采摘嫩果。

【保健功用】

地梢瓜味甘,性凉。归肺经。具补肺气、清热降火、生津止渴、消炎止痛之功效。主治虚火上炎、咽喉疼痛、气阴不足、神疲健忘、虚烦口渴、头昏失眠、产后体虚、乳汁不足等。

【营养价值】

地梢瓜含有丰富的人体必需营养素及多种功能因子,富含植物蛋白、不饱和脂肪酸、膳食纤维、维生素、矿物质元素等,能够调节人体的机能。每百克地梢瓜中含有蛋白质 20 克、维生素 A 0.322 毫克、维生素 E 7.764 毫克、胡萝卜素 14.44 毫克、钾 2914.00 毫克、钠 19.85 毫克、钙 345.09 毫克、镁 223.29 毫克、铜 1.26 毫克、铁 22.56 毫克、锰 2.08 毫克、锌 2.35 毫克、硒 0.723 毫克。

【食用方法】

作为野生蔬果，地梢瓜嫩果香甜脆嫩，并带有天然奶香，是老少皆宜的天然补品。但是只在嫩的时候能吃，成熟变老后就变成纤维，食用价值不高。嫩果可生食、蘸酱、焯水凉拌、腌制、油炸、煮奶、切碎拌粥；绞其乳汁，可做汤或直接生食。现代烹饪技术下，还产生了拔丝地梢瓜、清蒸地梢瓜、清炒地梢瓜等特色菜肴。

乌蔹莓

引语：《诗经·唐风·葛生》中有："葛生蒙楚，蔹蔓于野。予美亡此，谁与？独处？葛生蒙棘，蔹蔓于域。予美亡此，谁与？独息？""蔹"即乌蔹莓，古人把自己深沉的爱寄托在不起眼的乌蔹莓上。

【中文名及别名】

中文名：乌蔹莓。

别名：野葡萄、母猪菜、绿叶扁担藤、五龙草、五爪金龙。

【食用渊源】

乌蔹莓始载于《唐本草》，因"其结果如莓，生青熟紫，肉有细子，叶如白蔹"，故名"乌蔹莓"。

【生长环境】

生长于山坡、路旁灌木林中，常攀缘于他物上。

【识别要点】

多年生蔓生草本。茎紫绿色，有纵棱，具卷须，幼枝有柔毛，后变光滑。叶为掌状复叶，具小叶 5 枚，排列成鸟足状，中央小叶长椭圆形或椭圆披针形，顶端急尖或渐尖，基部楔形，两侧的 4 枚小叶渐小，成对着生于同一小叶柄上，边缘具较均匀的圆钝锯齿，总叶柄长 3~5 厘米。聚伞花序腋生；花小，黄绿色，具短梗；萼杯状；花瓣 4，卵状三角形；雄蕊 4，与花瓣对生，花药长椭圆形；雌蕊 1，子房上位，2 室。浆果倒圆卵形，横径约 7 毫米，成熟时黑色。种子 2~4 粒。花期 6 月，果期 8—10 月。（见图 5-41、图 5-42）

图 5-41

图 5-42

【食用部位及采摘时节】

食用部位：果实、藤茎及嫩叶。（见图 5-43、图 5-44）

采摘时节：春季采摘嫩叶，夏、秋季割取藤茎，8—10 月采收果实。

图 5-43

图 5-44

【保健功用】

味苦、酸，性寒。入心、肝、胃经。具有清热利湿、解毒消肿的功效，可以治疗热毒痈肿、疔疮、丹毒、咽喉肿痛、蛇虫咬伤、风湿痹痛、黄疸等症。

【营养价值】

现代营养学研究表明，每百克乌蔹莓中含有蛋白质 47 克、钙 528 毫克、胡萝卜素 295 毫克，另有烟酸、维生素、铁等。

【食用方法】

1. 凉拌乌蔹莓

材料：乌蔹莓嫩叶 500 克，精盐、味精、蒜泥、酱油、麻油各适量。

做法：将乌蔹莓嫩叶去杂洗净，入沸水锅内焯一下，捞出用清水洗净苦味，挤干水分切碎，放盘内，加入精盐、味精、酱油、蒜泥、麻油，拌匀即成。

功效:清热利湿、解毒消肿。

2. 乌蔹莓炖肉

材料:乌蔹莓嫩叶200克,猪肉500克,料酒、精盐、味精、葱段、姜片各适量。

做法:将乌蔹莓嫩叶去杂洗净,入沸水锅内焯一下,捞出洗净,挤干水分切段。猪肉洗净切小块。锅内放入肉块和适量水,烧至肉熟,加入料酒、精盐、味精、葱段、姜片,用文火炖至入味,投入乌蔹莓烧至入味,出锅即成。

功效:解毒消肿、滋阴润燥。

3. 乌蔹莓煮汁

取适量乌蔹莓放入锅中,加入清水熬煮。待把乌蔹莓熬烂,根据个人口味加入冰糖或者白糖,调味即可。熬出的糖水可补充津液,缓解口干舌燥、肝热气燥的症状。

栗 子

引语:《诗经·鄘风·定之方中》有:"树之榛栗,椅桐梓漆,爰伐琴桑。"栗是中国栽培最早的果树之一,栗与李、杏、桃、枣并列为我国古代"五大名果"。

【中文名及别名】

中文名:栗子。

别名:板栗、毛栗、栗果、大栗。

【食用渊源】

栗是我国的特产，是中国栽培最早的果树之一，已有 2000～3000 年的栽培历史。板栗对人体有很好的滋补功能，尤其对肾虚患者有良好的疗效。其味甘性平，无毒，能补脾健胃、补肾强筋。

【生长环境】

常生长于海拔 100～2500 米的低山丘陵、缓坡及河滩等地带。

【识别要点】

落叶乔木，高 15～20 米。树皮暗灰色，不规则深裂，枝条灰褐色，有纵沟，皮上有许多黄灰色的圆形皮孔。冬芽短，阔卵形，被茸毛。单叶互生，薄革质，长圆状披针形或长圆形，基部楔形或两侧不相等，先端尖尾状，上面深绿色，有光泽，羽状侧脉 10～17 对，中脉上有毛；下面淡绿色，有白色绒毛，边缘有疏锯齿，齿端为内弯的刺毛状；叶柄短，有长毛和短绒毛。花单性，雌雄同株；雄花序穗状，生于新枝下部的叶腋，淡黄褐色，雄蕊 8～10；雌花无梗，生于雄花序下部，外有壳斗状总苞，子房下位，花柱 5～9。总苞球形，外面生尖锐被毛的刺，内藏坚果 2～3，成熟时裂为 4 瓣。坚果深褐色。栗子种仁呈半球形或扁圆形，先端短尖。外表面黄白色，光滑，有时具浅纵沟纹。质实稍重，碎断后内部富粉质。气微，味微甜。花期 5—7 月，果期 8—10 月。（见图 5-45、图 5-46）

图 5-45

图 5-46

【食用部位及采摘时节】

食用部位：果实。（见图 5-47、图 5-48）

采摘时节：8—10 月果实成熟时采摘。

图 5-47

图 5-48

【保健功用】

栗子性平，味甘、微咸。归脾、肾经。具益气健脾、补肾强筋、活血消肿、止血之功效。可用于脾虚泄泻、反胃呕吐、脚膝酸软、筋骨折伤肿痛、瘰疬、吐血、衄血、便血等。可以预防骨质疏松、腰腿酸软、筋骨疼痛、乏力等，延缓人体衰老。

但栗子不可多吃，否则容易胀气，难以消化，引起脾胃不适。风湿病人需慎重食用。

【营养价值】

栗子属于坚果类，不仅含有大量淀粉，而且含有丰富的蛋白质、脂肪、B族维生素及钙、磷、铁、钾等矿物质，有多种营养成分，是老年人理想的保健果品。栗子中所含的丰富的不饱和脂肪酸，能防治高血压病、冠心病、动脉硬化症等疾病。栗子含有核黄素，对日久难愈的口腔溃疡有愈合作用。

【食用方法】

1. 板栗糕

材料：栗子200克，糯米粉500克，白糖50克，瓜子仁10克，松仁10克。

做法：栗子去壳，用水煮极烂，加入糯米粉、白糖揉匀，大火蒸熟，出锅时撒上瓜子仁、松仁即成。

功效：健脾、益气、养胃、强筋健骨。

2. 栗子烧白菜

材料：栗子300克，大白菜500克，盐、白糖、淀粉适量。

做法：取生栗子，煮至半熟后捞出，剥去外壳，对半切开，入油略炸后捞出。大白菜洗净切长条，炝锅炒至断生，加入栗子同炒，加少许盐、白糖调味，湿淀粉勾薄芡出锅。

功效:补脾、益肾、止血。

3. 栗子山药姜枣粥

材料:栗子 30 克,大枣 10 个,山药 15 克,生姜 6 克,大米 100 克,红糖适量。

做法:取原材料洗净,加水煮成稀粥,再加红糖调味食之。

功效:补肾、益脾、止泻。

杜 梨

引语:在众多的梨品种中,有一种如豆子般大小的梨,不仅个头小,果皮发黑,吃起来也非常软糯可口,它就是杜梨,也有人叫它土梨、野梨子。

【中文名及别名】

中文名:杜梨。

别名:棠梨、海棠梨、野梨子、土梨。

【食用渊源】

杜梨是北方常见的野生乔木,生长快,可用于生态绿化和景区装点,其果实、枝、叶均可入药,花还是优良的蜜源。杜梨果实是一种药食两用的水果,外表多为褐色,肉质鲜嫩,味美多汁,平时人们食用以后既能吸收丰富的营养,也能治疗一些常见疾病。

【生长环境】

野生于荒郊、山脚、路边或道旁。

【识别要点】

乔木，高达 10 米。枝常具刺；小枝嫩时密被灰白色绒毛，二年生枝条具稀疏绒毛或近于无毛，紫褐色。叶互生，短枝上簇生；叶柄被灰白色绒毛；叶片棱状卵形至长卵形，先端渐尖，基部宽楔形，稀近圆形，边缘有粗锐锯齿，幼时两面均密被灰白色绒毛，老叶上面无毛而有光泽，下面微被绒毛或近于无毛。花两性；伞形总状花序，有花 10~15 朵，总花梗和花梗均被灰白色绒毛；花瓣 5，宽卵形，先端圆钝，基部有短爪，白色；花药紫色。果实近球形，2~3 室，褐色，有淡色斑点，基部具带绒毛果梗。果实类球形，表面黑褐色，有白色斑点，质硬，果肉薄，褐色。气微，味酸、微甜。花期 4 月，果期 8—9 月。（见图 5-49、图 5-50）

图 5-49

图 5-50

【食用部位及采摘时节】

食用部位：果实、花。（见图 5-51、图 5-52）

图 5-51

图 5-52

采摘时节:8—9 月果实成熟时采摘。

【保健功用】

杜梨味酸、甘、涩,性寒。归肺、肝经。具敛肺、涩肠、消食之功效。主治咳嗽、泻痢、食积。

枝与叶治霍乱、吐泻不止、转筋腹痛、反胃吐食。

树皮煎水洗治皮肤溃疡。

【营养价值】

杜梨果实含糖量 19.62%、水分 50.93%。每百克成熟的杜梨果实中含有总氨基酸量 33.0 毫克。杜梨果实含有的矿物质元素普遍都高,特别是磷、钾、钙、锰、镁等。每百克杜梨中,钾的含量为 337 毫克,是同属梨的 3.7 倍;锰的含量为 0.593 毫克,是同属梨的 8.5 倍;镁的含量为 33.34 毫克,是同属梨的 4.2 倍;钙的含量为 68.8 毫克,是同属梨的 7.6 倍。另外,锌的含量每百克为 0.266 毫克,铜的含量每百克为 0.624 毫克,磷的含量每百克为 29 毫克。

【食用方法】

1. 冰糖杜梨

材料:杜梨60克,冰糖30克。

做法:杜梨洗净,去核切块,与冰糖共同加水煎煮30分钟即可。

功效:清热止咳。

2. 凉拌杜梨花

材料:杜梨花、盐、生抽、蚝油、香醋、麻油、鸡精各适量。

做法:取鲜嫩的杜梨花洗净,沥干水分,放少量盐腌制一会儿。再加入生抽、蚝油和香醋以及麻油等调味料调匀,加适量鸡精提味即可。

功效:减脂。

枇　杷

引语:枇杷是美丽观赏树木和果树。果味甘酸,供生食、蜜饯和酿酒用。叶晒干去毛,可供药用,有化痰止咳、和胃降气之效。种子化痰止咳,疏肝理气。

【中文名及别名】

中文名:枇杷。

别名:金丸、芦枝、卢桔、卢橘。

【食用渊源】

枇杷因叶子的形状与乐器琵琶相似而得名。枇杷果实、花朵和叶片食用历史悠久。自古以来,我国民间就有食用枇杷叶及其制品的习惯。现如今人们所熟知的枇杷膏,就是民间古已有之的配方:用枇杷叶和果实加冰糖熬煮成膏,食用以达到和胃清肺、止咳润喉的功效。清代亦有枇杷叶露的食用方法,服用枇杷叶蒸馏而成的蒸馏液,达到清肺化痰的效果。

【生长环境】

常栽种于村边、平地或坡地。

【识别要点】

常绿乔木,树冠呈圆状,枝条较稀疏,树干颇短,一般树高 3~4 米,高的可达 10 米。叶厚,革质,长椭圆形,边缘上部有疏锯齿,背面及叶柄密生棕色、灰白或黄白色绒毛,短茎轮生。圆锥花序顶生,花萼筒呈浅杯状。花小,五瓣,花瓣直径约 2 厘米,以 5~10 朵成一束。白色,有芳香。花瓣内面有绒毛,基部有爪,雄蕊多于花瓣,往往数花集生,圆锥花序花多而紧密。果实圆形或椭圆形,外果皮黄色或橙黄色,具柔毛,顶部具黑色宿存萼齿,除去萼齿可见一小空室。基部有短果柄,具糙毛。外果皮薄,中果皮肉质,内果皮纸膜质,棕色,内有一至多颗种子。气微清香,味甘、酸。每个枇杷果实内有 5 个子房,当中 3~5 颗发育成种子,种子为棕色。花期 10—12 月,果期 5—6 月。(见图 5-53、图 5-54)

图 5-53

图 5-54

【食用部位及采摘时节】

食用部位：叶、果实。（见图 5-55、图 5-56）

图 5-55

图 5-56

采摘时节：枇杷果实因成熟时间不一致，宜分次采收，主要集中在春、夏季节，采摘成熟果实。枇杷叶全年均可采收。

【保健功用】

枇杷的药用价值非常高,全身都是宝。枇杷的果实、种子、叶、花、皮、根均能入药。

枇杷叶味苦,性微寒。归肺、胃经。具清肺止咳、降逆止呕之功效。用于肺热咳嗽、气逆喘急、胃热呕逆、烦热口渴。

枇杷果味甘酸,性凉。归肺、脾经,兼入肝经。具润肺、止渴、下气之功效。治肺痿咳嗽吐血、衄血、燥渴、呕逆。

枇杷核味苦,性平。入肾经。具化痰止咳、疏肝理气之功效。治咳嗽、疝气、水肿、瘰疬。

【营养价值】

枇杷营养丰富,含有蛋白质、碳水化合物、果胶、膳食纤维、胡萝卜素、维生素A、B族维生素、维生素C、钙、铁、磷等。其中胡萝卜素的含量尤为丰富,仅次于杏和杧果。研究表明,每百克枇杷果实含蛋白质0.4克、脂肪0.1克、碳水化合物7克、粗纤维0.8克、灰分0.5克、钙22毫克、磷32毫克、铁0.3毫克。

【食用方法】

1. 川贝酿枇杷

材料:新鲜枇杷5个,川贝5克,冰糖20克。

做法:枇杷洗净,去核去皮。用水将川贝粉调匀。枇杷放入盖碗盛器中,倒入调匀的川贝,放入冰糖,隔水蒸30分钟即可。

功效:清肺胃热、降气化痰。

2. 枇杷百合银耳汤

材料：枇杷 5 个，百合 10 克，水发银耳 50 克，冰糖 50 克。

做法：银耳洗净后撕成小朵，枇杷去核去皮，百合用清水浸泡 2 分钟后洗净。把银耳、百合放入锅内，加足量的水，放入冰糖，大火烧开，再转小火煮 30 分钟。将枇杷放入锅内，再煮 10 分钟即可。

功效：润肺止咳、美容养颜。

3. 枇杷雪梨金橘汤

材料：枇杷 2 个，雪梨 1 个，金橘 3 个，冰糖 1 大块，蜂蜜 2 勺。

做法：雪梨、金橘洗净去皮待用，枇杷切块后用盐水浸泡。锅内煮水，水开后放入雪梨、金橘；开锅后放冰糖、枇杷，剥 2 颗枇杷核放入汤里，盖锅盖再煮 30 分钟即可，盛出放凉后加入蜂蜜食用。

功效：生津润燥、清热化痰止咳。

4. 枇杷叶冰糖水

材料：新鲜枇杷叶 5~6 片，黄冰糖 1 颗，水 800 毫升，盐适量。

做法：枇杷叶洗净，刷净背后绒毛，加盐，放入 800 毫升水用大火煮。煮开后再浸泡 15 分钟，然后冲洗一遍。将叶片剪碎，放入煮锅内，并用筷子适当搅动，然后转为中小火；加入黄冰糖煮 20 分钟即可，再焖一会儿。将枇杷叶子水倒出，此时水还是茶色的，过一会儿就变成酒红色，带着淡淡的枇杷叶的清香，可当茶饮。

功效：每天 3~4 次，止咳化痰。

白　果

引语:白果是银杏树的种子,在限定使用范围和剂量内可作为药食两用。银杏树是裸子植物中最古老的"活化石",现为我国特产,除野生于某些天然林中外,全国大多数地区均有栽培。

【中文名及别名】

中文名:白果。

别名:银杏核、公孙树子、鸭脚树子、灵眼、佛指甲。

【食用渊源】

李时珍《本草纲目》称:"(本品)原生江南,叶似鸭掌,因名鸭脚。宋初始入贡,改呼银杏。因其形似小杏而核色白也。今名白果。"先是民间食用,后来入贡朝廷。如宋代欧阳修便有"绛囊初入贡,银杏贵中州"的诗句。杨万里咏银杏诗:"深灰残火累相遭,小苦微甜韵最高。未必鸡头如鸭脚,不妨银杏伴金桃。"

【生长环境】

生长于海拔500~1000米的酸性土壤、排水良好的天然林中。

【识别要点】

乔木,高达40米。树干直立。叶簇生于短枝或螺旋状散生于长枝上;叶片扇形,有长柄,淡绿色,无毛,有多数叉状并列细脉。花单生异株。种子核果状,椭圆形至近球形,成熟时金黄色,外种皮肉质,熟时橙黄色,内种皮骨质,白色。白果略呈椭圆形,一端稍尖，另一端钝。表面黄白色或淡棕黄色，平滑，具 2~3 条棱线。中种皮（壳）骨质，坚硬。内种皮膜质，种仁宽卵球形或椭圆形，一端淡棕色，另一端金黄色，横断面外层黄色，胶质样，内层淡黄色或淡绿色，中间有空隙。气微，味甘、微苦。花期 4—5 月，果期 9—10 月。（见图 5-57、图 5-58）

图 5-57

图 5-58

【食用部位及采摘时节】

食用部位：叶子、种子。（见图 5-59、图 5-60）

图 5-59

图 5-60

采摘时节：白果于秋末种子成熟后采收。

【保健功用】

白果性平，味甘、苦、涩，有小毒。归肺、肾经。具敛肺定喘、止带缩尿之功效。用于痰多喘咳、带下白浊、遗尿尿频。现代一般认为，白果首先能预防心脑血管疾病，具有活血化瘀、防止血栓形成、降低血液凝集度、清除自由基、延缓动脉硬化进度的作用；其次能美容养颜，具有抗氧化作用，可以延缓衰老、抑制黑色素、加速皮肤新陈代谢、防止皱纹的产生、恢复皮肤的弹性和红润；最后还能抗过敏、消炎杀菌。

需要注意的是，白果生食有小毒，不宜生食，不可多食。白果中毒潜伏期1～12小时，可见呕吐、腹痛、头痛、发烧、抽搐、昏迷等，甚至可以致死。医药界认为，成年人食用生白果控制在一天10粒是安全的。但为了预防中毒，最好是熟食。另外，有人喜欢用银杏叶泡水喝，这有一定的危险，银杏叶中含有有毒成分，服用剂量过大或时间较长，会危害心脏健康。

【营养价值】

白果具有丰富的营养成分，有药食同功特点。每百克鲜白果中含有碳水化合物35.9克、蛋白质6.4克、脂肪2.4克、粗纤维0.3克、磷218.0毫克、钙10.0毫克、铁1.50毫克、维生素B_1 0.22毫克、维生素B_2 0.05毫克、胡萝卜素0.38毫克等。每百克干白果中含有碳水化合物71.2克、蛋白质13.6克、脂肪3.0克、粗纤维0.5克、磷427.0毫克、钙19.6毫克、铁2.90毫克等。

【食用方法】

1. 白果蒸鸡蛋

材料:鲜鸡蛋 1 个,白果 2 枚。

做法:将鸡蛋的一端开孔,白果去壳,纳入鸡蛋内,用纸粘封小孔,口朝上放碟中,隔水蒸熟即成。

功效:敛肺气、止带浊。

2. 猪小肚炖白果

材料:白果 15~30 克,猪小肚 1 只。

做法:先将猪小肚切开清洗干净,把白果放入猪小肚内,放入锅中,如常法炖熟即可。

功效:固肾气、止遗尿。

3. 白果莲肉粥

材料:白果 6 克,莲肉 15 克,糯米 50 克,乌骨鸡 1 只(去内脏)。

做法:先将白果、莲肉研末,纳入鸡腹中,再入糯米与适量水,慢火煮成稠粥。

功效:补肝肾、止滞浊。

覆盆子

引语:苏东坡对覆盆子尤为钟爱,曾写道:“(覆盆子)三四月花,五六月熟,其子酸甜可食,当阴干其子用之。”

【中文名及别名】

中文名：覆盆子。

别名：覆盆、覆盆莓、树莓、乌藨子、小托盘、山泡。

【食用渊源】

覆盆子果实为聚合浆果，柔嫩多汁，色泽宜人，营养丰富。覆盆子在历代医家著作中多有记载，尤其在滋补肝肾、固精缩尿方面均获一致推崇，被认为补肾要药，列为上品。《本草纲目》记载，"其补益与桑葚同功。若树莓则不可混采者也"。《本草正义》记载，"覆盆，为滋养真阴之药，味带微酸，能收摄耗散之阴气而生精液"。

【生长环境】

在山坡、路边阳处或阴处灌木丛中常见。

【识别要点】

落叶灌木，高 2~3 米。幼枝绿色，有白粉，有少数倒刺。单叶互生；托叶线状披针形；叶片近圆形，掌状 5 深裂，中裂片菱状卵形，基部近心形，边缘有重锯齿，两面脉上有白色短柔毛；基生五出脉。花两性；单生于短枝的顶端，花萼 5，宿存，卵状长圆形，萼裂片两面有短柔毛；花瓣 5，白色，椭圆形或卵状长圆形，先端圆钝；雄蕊多数，花丝宽扁；花药"丁"字着生，2 室；雌蕊多数，具柔毛，着生在凸起的花托上。覆盆子果实为聚合果，由多数小核果聚合而成，呈圆锥形或扁圆锥形。表面黄绿色或淡棕色，顶端钝圆，基部中心凹入。宿萼棕褐色，下有果梗痕。体轻，质硬。气微，味微酸涩。花

期 3—4 月，果期 5—8 月。（见图 5-61、图 5-62）

图 5-61

图 5-62

【食用部位及采摘时节】

食用部位：果实。（见图 5-63、图 5-64）

图 5-63

图 5-64

采摘时节：立夏后，果实已饱满而尚呈绿色时采摘。

【保健功用】

覆盆子味甘、酸,性温。归肾、膀胱经。具益肾、固精、缩尿之功效。用于肾虚遗尿、小便频数、阳痿早泄、遗精滑精。

【营养价值】

覆盆子富含碳水化合物、蛋白质,特别是鞣花酸、超氧化物、维生素、萜类、黄酮等功能化合物。尤其是抗衰老物质 SOD 及抗癌物质(鞣化酸)含量高于现有栽培和野生水果,具有延缓衰老、消除疲劳、提高免疫力、抗诱变、改善学习记忆能力等功效。

【食用方法】

1. 覆盆子粥

材料:粳米、覆盆子、蜂蜜各适量。

做法:首先将粳米淘洗干净,用冷水浸泡半小时,捞出,沥干水分;将覆盆子洗净,用干净纱布包好,扎紧袋口;然后取锅放入冷水、覆盆子,煮沸后约 15 分钟;再拣去覆盆子,加入粳米,用旺火煮开后改小火煮至粥成,下入蜂蜜调匀即可。

功效:抗老化、美白、减脂。

2. 覆盆子酿造酒

材料:新鲜覆盆子 1500 克,白砂糖 300 克,甜酒曲 6 克。

做法:选择饱满红亮的覆盆子冲洗干净,然后用盐水浸泡约 10 分钟,捞出冲洗干净,晾干水分。取经过消毒处理的干净玻璃瓶,放入覆盆子(瓶装七分满),用消毒过的木棍将覆盆子捣碎,加入酒曲及150克白砂糖搅拌均匀，盖上盖子（不能塞紧，要留有缝隙）。将瓶子放在温暖的避光处发酵，每天用木棍搅拌2次。2天后再加入150克白砂糖，搅拌均匀，继续发酵1周。用消毒过的纱布过滤，去渣，将滤出的酒液继续装入玻璃瓶中发酵、沉淀，待酒液澄清，1周后即可饮用。

功效：滋补肝肾。

薏苡仁

引语：薏苡仁是粗粮中营养成分最为丰富的食品之一，薏苡被誉为“世界禾本科植物之王”。

【中文名及别名】

中文名：薏苡仁。

别名：薏米、苡仁。

【食用渊源】

薏苡仁是一种药食两用之品。《神农本草经》将其列为上品药。《名医别录》记载：“除筋骨邪气不仁，利肠胃，消水肿，令人能食。”

【生长环境】

生长于屋旁、荒野、河边、溪涧或阴湿山谷中。

【识别要点】

薏苡仁是薏苡的干燥成熟种仁。薏苡为禾本科薏苡属植物，一年生草本，须根较粗，秆直立，约具10节。叶片线状披针形，边缘粗糙，中脉粗厚，于背面凸起；叶鞘光滑，上部者短于节间；叶舌质硬。薏苡仁呈宽卵形或长椭圆形，长4~8毫米，宽3~6毫米。表面乳白色，光滑，偶有残存的黄褐色种皮。一端钝圆，另一端较宽而微凹，有1淡棕色点状种脐。背面圆凸，腹面有1条较宽而深的纵沟。质坚实，断面白色。气微，味微甜。花期7—9月，果期9—10月。（见图5-65、图5-66）

图5-65

图5-66

【食用部位及采摘时节】

食用部位：果实。（见图5-67、图5-68）

图 5-67

图 5-68

采摘时节：9—10 月茎叶枯黄，果实呈褐色，大部成熟(约 85% 成熟)时，割下植株，集中立放 3~4 天后脱粒，筛去茎叶杂物，晒干或烤干，用脱壳机械脱去总苞和种皮，即得。

【保健功用】

薏苡仁味甘、淡，性凉。归脾、胃、肺经。具健脾渗湿、除痹止泻、清热排脓之效。用于水肿、脚气、小便不利、湿痹拘挛、脾虚泄泻、肺痈、肠痈、扁平疣。脾虚无湿、大便燥结及孕妇慎服。《本草经疏》记载："凡病大便燥，小水短少，因寒转筋，脾虚无湿者忌之。妊娠禁用。"

【营养价值】

薏苡仁营养丰富，每百克薏苡仁中含水分 12.4 克、蛋白质 14.2 克、脂肪 3.6 克、碳水化合物 67.2 克、膳食纤维 0.8 克、灰分 1.8 克；含硫胺素 0.22 毫克、核黄素 0.15 毫克、烟酸 1.5 毫克、维生素 E 0. 3 毫克;含钙 49 毫克、铁 2. 9 毫克、锌 1. 89 毫克、硒 3. 3 微克、钾 313 毫克、镁 126 毫克、磷 299 毫克、铜 0. 07 毫克、锰 1. 89 毫克。其蛋白质中含有人体所需的 8 种必需氨基酸,且比例接近人体需要。薏苡仁油中不饱和脂肪酸含量也较高,其中亚油酸和油酸的含量达 75%以上,因此,薏苡仁是一种营养平衡的谷物。

【食用方法】

1. 薏苡仁粥

材料:薏苡仁 30 克,粳米 60 克。

做法:将薏苡仁、粳米共同煮粥。

功效:利湿、清热。

2. 薏米山药粥

材料:薏米、山药各 50 克,粳米 100 克。

做法:山药洗好切块,与薏米、粳米同煮至烂熟,放温服用,每日 1 次。

功效:健脾祛湿、和胃温中。

3. 红豆薏米粥

材料:薏米 100 克,红豆 50 克,龙眼肉 10 克,红枣、冰糖各适量。

做法:将薏米与红豆洗净,提前泡发 1~2 小时。红枣和龙眼肉洗净备用。泡好的薏米和红豆放入锅中,大火煮开。等汤煮沸后,加入红枣和龙眼肉。转中小火慢炖 1~2 小时,至红豆微开花熟软,根据个人口味适量添加冰糖即可食用。

功效:利尿消肿、舒筋除痹、清热排脓。

楮实子

引语：《诗经·小雅·鹤鸣》中有："乐彼之园，爰有树檀，其下维榖。"大意是园中哪里有青檀大树，下面便有稍矮的构树，它们都是有用的树木。榖是古人对构树的叫法。

【中文名及别名】

中文名：楮实子。

别名：谷桑、构桃、楮桃、谷树子、假杨梅。

【食用渊源】

古本草多记载楮实子为补益药。《本草纲目》称楮实子"主阴痿水肿，益气充肌明目，久服，不饥不老，轻身。壮筋骨，助阳气，补虚劳，健腰膝，益颜色"。《救荒本草》中也专门讲述了构树相关食物的制作方法："采嫩芽煠熟。换水浸洗淘净，油盐调食。又以子不以多少炒。舂去赤皮。浸软煮熟。以糖渍之可食。"

【生长环境】

生长于山坡林缘或村寨道旁。

【识别要点】

楮实子是构树的干燥成熟果实。构树为桑科构属落叶乔木，高达16米，树皮平滑，全株含乳汁。叶片呈卵形。雌雄异株，花单性，雄花为腋生葇荑花序，雌花为球形头状花序，会有喷洒花粉的

"冒烟"奇景。球形聚花果肉质,成熟时椹果球形,颜色橙红色或鲜红色。楮实子略呈球形或卵圆形,稍扁。表面红棕色,有网状皱纹或颗粒状突起,一侧有棱,一侧有凹沟,有的具果梗。质硬而脆,易压碎。胚乳类白色,富油性。气微,味淡。花期 5—6 月,果期 8—9 月。(见图 5-69、图 5-70)

图 5-69

图 5-70

【食用部位及采摘时节】

食用部位:花穗、果实。(见图 5-71、图 5-72)

图 5-71

图 5-72

采摘时节:8—10 月果实成熟呈红色时采摘。

【保健功用】

楮实子味甘，性寒。归肝、肾经。具补肾清肝、明目、利尿之功效。用于肝肾不足、腰膝酸软、虚劳骨蒸、头晕目昏、目生翳膜、水肿胀满。现代医学研究证明，楮实子有一定的抗衰老、抗肿瘤作用。

【营养价值】

楮实子含有丰富的氨基酸、脂肪酸、红色素、生物碱、矿物质、多糖等化学成分。果实含皂苷、维生素B、维生素C、胡萝卜素等，种子含皂化物、饱和脂肪酸及油酸等。

【食用方法】

楮实子丁香粥

材料：楮实子15克，丁香5~6粒，米120克，食盐少许。

做法：将楮实子、丁香装入纱布袋内，用水泡1~3小时使其软化。锅中加入淘净的米和适量水，与药包一起煮粥，煮好后将药包取出不用。粥中加入少许食盐即可食用。

功效：滋肾、清肝、明目。

第六章
其他常见野菜的识别及食用方法

竹　笋

引语：竹子可谓全身都是宝，可吃，可入药，还可用。吃的有春笋（毛笋、雷竹）、冬笋以及干制的水笋和扁尖，竹的嫩叶可泡茶，竹子经过烧制后自然沥出的橙黄色透明液体（即鲜竹沥）是我国传统中药，各类竹制品更是在生产、生活中有广泛的应用。

【中文名及别名】

中文名：竹笋。

别名：春笋、冬笋。

【食用渊源】

中国是世界上竹类多样性最丰富的国家，据先秦文献中记载，3000 多年前的竹笋就是席上珍馔。竹笋有冬笋、春笋、鞭笋之分，是药食皆宜的营养佳品。竹笋的食用方法多种多样，可烹饪数千种美味佳食。竹还具有特别的医用价值，竹笋含有大量纤维素，这对降低血中胆固醇，防治高血压、糖尿病、癌症及肥胖症有很好的作用。

【生长环境】

在我国各地均有分布，喜温暖湿润气候，广泛分布于400~800米的丘陵、低山山麓地带。

【识别要点】

毛竹笋露出土面后，笋壳色泽变褐紫，表面密生棕色小刺毛，故又称“毛笋”。冬季可挖取冬笋，笋体略呈纺锤形，肉质细嫩，夏秋间可采掘鞭笋，笋体细长。早竹笋有紫头红与芦头青两个变种。紫头红笋壳淡紫，有褐色斑点和小斑块，笋长15~20厘米，基部粗约3厘米；芦头青笋壳淡青带紫，有深紫褐色斑点和斑块，笋长约33厘米，基部粗3厘米，出笋日期比紫头红迟约半个月，持续期也较短。（见图6-1、图6-2）

图6-1

图6-2

【食用部位及采摘时节】

食用部位：竹笋整体可食用。（见图 6-3、图 6-4）

图 6-3

图 6-4

采摘时节：冬季采挖冬笋，清明节前后采挖春笋。

【保健功用】

中医认为竹笋味甘、微寒，无毒。在药用上具有清热化痰、益气和胃、治消渴、利水道、利膈爽胃等功效。现代药理学研究表明，竹笋对于肥胖、高血脂、高血压、糖尿病等具有预防作用，另有研究报道雷竹笋汁具有防治肝损伤的药理活性。竹笋还具有低脂肪、低糖、多纤维的特点，食用竹笋不仅能促进肠道蠕动、帮助消化、去积食、防便秘，还有预防大肠癌的功效。

【营养价值】

竹笋含有丰富的蛋白质、氨基酸、脂肪、糖类、钙、磷、铁、胡萝卜素、维生素 B_1、维生素 B_2、维生素 C 等。每百克鲜竹笋含干物质 9.79 克、蛋白质 3.28 克、碳水化合物 4.47 克、纤维素 0.9 克、脂肪 0.13 克、钙 22 毫克、磷 56 毫克、铁 0.1 毫克。每百克干竹笋含钙 140 毫克、磷 290 毫克；所含有的多种维生素和胡萝卜素含量比大白菜高一倍多。

【食用方法】

1. 腌笃鲜

材料：春笋 500 克，腊肉 250 克，大白菜叶适量，姜 1 块，料酒 1 勺。

做法：剥去春笋外面的笋衣，切成滚刀块状。大白菜叶切成大片。腊肉加入姜片、料酒，入锅煮开，然后转小火，煮 20 分钟。等汤色变得浓白，加入春笋块，煮大约 10 分钟，加入白菜，再煮 5 分钟即可，可根据个人口味适量加入少许盐。

功效：补肾养血、滋阴润燥、升阳开胃、益气强身。

2. 油焖春笋

材料：春笋 500 克，葱、姜、老抽、生抽、蚝油、盐、味精、白糖各适量。

做法：剥去春笋外皮，切掉根部，留取鲜嫩部位，洗净用刀拍散，切成长段；锅内加水煮开后，把春笋下锅焯水捞出；炒锅里倒入油，放葱、姜炒出香味，倒入笋段大火翻炒，倒入水、老抽、生抽、蚝油大火烧开后，小火慢炖半小时；最后加盐、白糖、味精调味，收汁出锅即可。

功效：开胃健脾、润肠通便、开膈消痰。

3. 笋尖煎蛋

材料：春笋尖 100 克，鸡蛋 3 个，火腿 100 克，海苔丝 10 克，盐、胡椒粉适量。

做法：鸡蛋打入碗中，加入盐、胡椒粉打散。春笋尖、火腿切丁备用。锅中放油烧热，下笋丁煸炒数下后出锅晾凉。锅热了以后，转小火，倒入适量蛋液并晃动锅子让蛋液均匀铺满锅底，在刚开始凝固的时候，撒上笋丁、火腿丁、海苔丝，用小木铲翻起边向锅的另一头慢慢卷起，尽量卷紧。把卷好的蛋卷推至锅的一头，在锅空出来的地方，再刷薄油，倒入一层蛋液，重复以上步骤至蛋液完全用完。将煎好的蛋卷切段装盘即可。

功效：化痰降气、清热解闷、通二便。

4. 竹笋老鸭汤

材料：鸭子 1 只，春笋 500 克，生姜、枸杞、食盐、姜、料酒适量。

做法：把鸭子宰杀切成块，冲洗掉多余的血水。锅中加水煮开，鸭肉焯水，焯水后的鸭肉放入砂锅备用，加水没过鸭肉。春笋提前清洗干净后焯水，再用水浸泡 15 分钟，然后将春笋放入砂锅，加入几片生姜，加入少量料酒，盖上锅盖武火煮开，再转成小火煲 2 小时。出锅前半小时放入枸杞，加适量食盐调味即可。

功效：清除内热、润肺止咳、健脾养胃。

蕨　菜

引语：蕨菜口感上佳、营养丰富，且具有较高的药用价值，被称为“山菜之王”。

【中文名及别名】

中文名：蕨菜。

别名：龙头菜、拳头菜、如意菜、长寿菜。

【食用渊源】

人类采食蕨菜的历史源远流长，蕨菜很早就在文学作品中出现了。早在两千多年前，我国第一部诗歌总集《诗经》就有歌咏蕨菜之作，《诗经·召南·草虫》中有：“陟彼南山，言采其蕨。未见君子，忧心惙惙。亦既见止，亦既觏止，我心则说。”唐代诗人李白漫游到南阳时，也留下了“昔在南阳城，唯餐独山蕨”的诗句。

【生长环境】

生长在山地草坡、稀疏的混交林或阔叶林间空地及其边缘，喜湿不耐旱，在腐殖质深厚的地块生长茂盛。

【识别要点】

蕨菜为蕨科蕨属的多年生草本植物。植株高达 1 米，地下根状茎细长匍匐生长，茎节处长叶芽。叶片为奇数三回羽状复叶，呈阔三角形或卵状三角形，长 30~60 厘米，宽 25~45 厘米，羽叶对生，羽片 10 对左右，初生未展叶呈蜷缩的爪状，浅褐绿色，随着生长，叶片完全展开为三回羽状复叶，全叶略呈三角形。(见图 6-5、图 6-6)

图 6-5

图 6-6

【食用部位及采摘时节】

食用部位：全草。(见图 6-7、图 6-8)

图 6-7

图 6-8

采摘时节：一般在 4—5 月采摘未展开的嫩叶和叶柄。

【保健功用】

蕨菜味甘，性寒，归肝、胃、脾、大肠经。《本草纲目》记载，蕨“甘、寒、滑、无毒”，“去暴热，利水道。用根烧灰油调，可治蛇虫伤”。中医认为，蕨菜具有驱虫、清热解毒、补气升阳、利尿消肿、祛风散寒的功效。蕨菜在预防高血压、肥胖症、降气化痰、提神醒脑、去油腻、助消化等方面具有独特作用，还具有软化血管、降低胆固醇、预防心脏病及癌症等疗效。

【营养价值】

蕨菜的嫩叶芽营养成分齐全且含量较高，富含多种微量元素和维生素，尤以蛋白质、脂肪、粗纤维和铁的含量较高。每百克蕨菜可食部分含水分 86.0 克、蛋白质 1.6 克、脂肪 0.4 克、糖类 10.0 克、粗纤维 1.3 克、钙 24.0 毫克、磷 29.0 毫克、铁 6.7 毫克、胡萝卜素 0.4 毫克。另外，蕨菜含有 17 种氨基酸，其中人体所需的 8 种必需氨基酸占其氨基酸总含量的 39.4%，具有较高的食用价值。蕨菜根茎富含淀粉，每百克含淀粉量高达 36.5 克，可制成蕨粉，是滋补人体佳品。

【食用方法】

1. 凉拌蕨菜

材料：蕨菜、调味品适量。

做法：蕨菜洗净，放入开水中烫煮 5~10 分钟，捞出用清水浸泡 1~3 小时，每隔 1 小时换 1 次清水，捞出挤去多余水分，即可调味食用。

功效：扩张血管、降低血压、下气通便、增强体质。

2. 蕨菜炒鸡丝

材料:蕨菜 200 克,鸡丝 100 克,红椒丝 15 克,菜油 50 克,淀粉、盐、味精、料酒、酱油、葱丝、姜丝适量。

做法:先将蕨菜洗净并用开水焯过,浸泡 30 分钟后取出切段备用,再将鸡丝入碗加盐、味精、淀粉拌匀。炒锅中倒入菜油烧至七成熟时将鸡丝倒入滑熟,控油备用。炒锅上火,倒入少量菜油,加葱、姜、料酒、酱油、红椒丝炝锅,同时倒入鸡丝和蕨菜,煸炒片刻,加盐起锅。

功效:益气安神。

3. 水豆豉拌蕨菜

材料:蕨菜 500 克,水豆豉 50 克,盐、鸡精、香油、红油、醋、葱花适量。

做法:先将蕨菜洗净,沸水焯 1 分钟左右,然后捞出、放凉、切段,装入大碗内备用。加入葱花、水豆豉、盐、鸡精、醋、香油和红油拌匀即可。

功效:扩张血管、降低血压、清热解毒。

4. 凉拌蕨根粉

材料:蕨根粉 200 克,熟花生米 15 克,蒜 2 瓣,红椒 2 个,白芝麻、醋、味极鲜、小葱、味精、白糖、酱油、麻油、香油适量。

做法:蕨根粉用开水泡约 15 分钟,凉水冲干净;准备好所需配料,花生米、蒜捣碎,葱、红椒切末;配料放于蕨根粉上边,加白芝麻,热油泼制;加盐、醋、味极鲜、麻油、香油、味精、白糖拌匀装盘即可。

功效:开胃助消化、清热解毒、通经活络、消脂降压。

黑木耳

引语：黑木耳状如耳朵，系寄生于枯木上的一种菌类。黑木耳不但味道鲜美、营养丰富，还具有很多食疗功效，因而常吃黑木耳好处多。

【中文名及别名】

中文名：黑木耳。

别名：光木耳、细木耳、云耳、树鸡、木蛾、木菌。

【食用渊源】

我国食用黑木耳的历史悠久，早在公元前73年，戴圣者《礼记》中就有“食所加庶，羞有芝栭”的记载，“芝栭”就是指菇、耳。公元6世纪，北魏农学家贾思勰在《齐民要术》这部古农学专著中也曾介绍有关黑木耳的烹调食用方法。《本草纲目》中有：“桑、槐、楮、榆、柳，此为五木耳。软者并堪啖。楮耳人常食，槐耳疗痔。煮浆粥安诸木上，以草覆之，即生蕈尔。”可见黑木耳作为常见烹调原料的历史甚为久远。

【生长环境】

黑木耳在我国广泛分布，东北、湖北、云南、四川、贵州、湖南等地区均有分布。

【识别要点】

新鲜的黑木耳呈胶质片状，半透明，侧生在树木上，耳片直径5～10厘米，有弹性，腹面平滑下凹，边缘略上卷，背面凸起，并有极细的绒毛，呈黑褐色或茶褐色。干燥后收缩为角质状，硬而脆性，背面暗灰色或灰白色；入水后膨胀，柔软而半透明，表面附有滑润的黏液。优质黑木耳色泽黑亮、肉厚朵大、身干质脆、松散易断，背腹两面色泽不同，纹理清晰，有清香，无异味，无杂质，无碎屑，无霉变，无病耳。而掺假木耳则正反两面都有白色的结晶或粉状物（多为面粉、滑石粉甚至是硫酸镁），外形干瘪，正反面分不清，组织纹理不清，背腹两面均发黑或呈棕褐色。因掺假物不同，口感会有苦、涩、咸、酸、甜等异味。鼻嗅可有刺鼻的酸鼻味，手感无弹性，扎手，不易碎，发软、发沉、发黏等，用水泡时会全部沉入水中。（见图6-9、图6-10）

图 6-9

图 6-10

【食用部位及采摘时节】

食用部位：整体可食用。（见图 6-11、图 6-12）

图 6-11

图 6-12

采摘时节：黑木耳按季节可以分为春耳、伏耳、秋耳。春耳以小暑前采收为主，伏耳以小暑到立秋前采收为主，秋耳以立秋以后采收为主。

【保健功用】

中医认为，黑木耳有极高的药用价值，它味甘，性平，有凉血、止血作用，主治咯血、吐血、衄血、血痢、崩漏、痔疮出血、便秘带血等。从黑木耳中分离出多糖、黑色素、黄酮和多酚等功能性营养成分，具有抗氧化、抗肿瘤、降血脂、抗疲劳和提高免疫力等保健功效。

【营养价值】

黑木耳中含蛋白质、脂肪、多糖和钙、磷、铁等元素以及胡萝卜素、维生素 B_1、维生素 B_2、烟酸等。营养丰富，可素可荤，不但为菜肴增添风采，而且能养血驻颜、祛病延年。现代营养学家盛赞黑木耳为"菌中之冠""素中之荤"。

每百克黑木耳中含有蛋白质10.6克、脂肪0.2克、碳水化合物65.5克、粗纤维7.0克、钙357毫克、磷201毫克、铁185毫克，还含有维生素B_1、维生素B_2、胡萝卜素、烟酸等多种维生素和无机盐，它还含有甘露聚糖、甘露糖、葡萄糖、木糖、葡糖醛酸等碳水化合物以及卵磷脂、脑磷脂、鞘磷酸等重要的有机化合物。

【食用方法】

1. 猪肝炒木耳

材料：黑木耳（干）100克，猪肝250克，冬笋片、葱、姜、盐、味精、香油适量。

做法：将黑木耳泡发、洗净、沥水；猪肝切片，用湿淀粉、精盐拌匀。炒锅上旺火，放植物油烧至六成热，猪肝片下入滑熟，倒进漏勺，沥去油。原锅中放油少许，下冬笋片、葱段、姜丝、木耳煸炒至熟，放入猪肝片，加入鲜汤少许，加精盐、味精适量，翻炒几下，淋入香油拌匀，盛于盘中即可。

功效：补血。

2. 肉丝炒木耳

材料：黑木耳100克，猪肉250克，鸡蛋2个，葱、姜、蒜、料酒、酱油、盐适量。

做法：黑木耳泡发、洗净、沥干；猪肉切成细丝；鸡蛋磕入碗内，加精盐搅拌。锅内加猪油用旺火烧热后倒入蛋液，至九成熟时取出。锅内留底油，下葱末炝锅后放入肉丝煸炒，炒透后，放料酒、酱油、精盐，随即将鸡蛋、木耳下锅，炒匀，加浮油，起锅装盘即可。

功效：益气养血。

3. 腐竹炒木耳

材料：黑木耳、腐竹、胡萝卜、黄瓜、青椒、葱、蒜、淀粉、生抽、米醋、蚝油、糖、盐适量。

做法：黑木耳和腐竹提前泡软；胡萝卜和黄瓜切成薄片，再切两个青椒；碗中加一勺淀粉、半碗清水，拌匀调成淀粉水，另一个碗中加一勺生抽、半勺米醋、一勺蚝油、一勺糖、一勺盐、少许清水，搅拌均匀后备用。起锅热油，下蒜末、葱花炒出香味，把木耳和腐竹加入一起翻炒，炒到胡萝卜稍微变软就把调好的酱汁倒进来。放入黄瓜和青椒继续炒 1 分钟，最后倒上淀粉水勾芡即可。

功效：止血止痛、补血活血。

地皮菜

引语：地皮菜是一种长在地面，无根无叶、无花无果的蓝藻类植物，与人们所熟知的紫菜、发菜属同种群，湿润时展开呈绿色，干燥时卷缩呈灰黑色。我国各地均有分布。

【中文名及别名】

中文名：地皮菜（普通念珠藻）。

别名：地木耳、地软、天菜、天仙菜、天仙米、葛仙米。

【食用渊源】

古往今来,地皮菜都是人们特别喜爱的美食,堪称席上奇馔。它味鲜,有特殊的香味,食用时可以凉拌、热炒、熘烩、做汤、做馅,可荤可素,味道均佳。若以鸡汤下食,滑脆鲜美,味佳甘香;以猪肉烹炒,鲜透齿颊,满口生香。

【生长环境】

地皮菜为土壤气生藻,紧贴地面生长,爬附于荒地、岩石周围的土表、草丛之中。

【识别要点】

地皮菜藻体坚固、胶质,最初为球形,后扩展为扁平,为常有穿孔的膜状物或革状物。有时会出现不规则的卷曲,形似木耳,在潮湿环境中呈蓝色、橄榄色,失水干燥后藻体呈黄绿色或黄褐色。当晴天气候干燥时,藻体失水干缩,呈茶褐色或近黑色片状;当雨天湿度大时,藻体吸水膨胀、黏滑,肉质呈橄榄色片状。(见图 6-13、图 6-14)

图 6-13

图 6-14

【食用部位及采摘时节】

食用部位:整体可食用。(见图 6-15、图 6-16)

图 6-15

图 6-16

采摘时节:一年四季均可采收,尤以春季 3—5 月、秋季 9—10 月为最佳采收期。

【保健功用】

地皮菜味甘、淡,性凉。入脾、肺经。有祛热、收敛、益气、清补、明目等功效。主治目赤红肿、夜盲症、烫伤烧伤、久痢、脱肛等症。

【营养价值】

地皮菜的营养成分极其丰富,除含有蓝藻素外,还含有人体所需要的 7 种氨基酸,多种维生素,锌、钙、铁、磷等 15 种矿物质,其中钙含量特别多,每 500 克地皮菜中约含钙 2000 毫克,在蔬菜中极为少见;铁含量比木耳要高 2 倍,对人体补铁养血极为有利。

此外,地皮菜提供的热量也相当可观,每 500 克地皮菜可提供热量 5548~6448 千焦。地皮菜干品中的总蛋白质含量高达 52%~56%。

【食用方法】

1. 蛋煎地皮菜

材料:地皮菜 20 克,鸡蛋 2 个,白胡椒粉、精盐、料酒、大葱、生姜、水淀粉适量。

做法:将地皮菜洗净,加精盐、白胡椒粉、料酒腌渍入味;大葱、生姜剁碎。鸡蛋磕入碗中,加精盐、葱姜末、水淀粉、料酒搅匀,倒入锅中摊开略煎。待半凝固时再将地皮菜均匀地撒在蛋液上面,大翻锅煎至两面金黄色时装盘即可。

功效:补肺养血、滋阴润燥、增强免疫力。

2. 蚝油蟹柳地皮菜

材料:地皮菜 250 克,蟹柳 80 克,生姜、蚝油、料酒、精盐、白糖、白胡椒粉、水淀粉适量。

做法:生姜切丝,蟹柳切丝。炒锅上火,入油,烧热后放入姜丝煸香。再放入蚝油、地皮菜、蟹柳丝,调以料酒、精盐、白糖、白胡椒粉,掺入少量高汤,颠炒后勾芡装盘。

功效:补充营养、清肝火。

3. 地皮菜肉碎冬瓜汤

材料:地皮菜 150 克,冬瓜 90 克,猪里脊肉 50 克,大葱、精盐、鸡粉、料酒、麻油、白胡椒粉、白糖、香菜、生粉适量。

做法:猪里脊肉切碎,加精盐、料酒腌渍入味。冬瓜切成菱形片。炒锅上火，入油，下肉碎及葱花炒散煸香。再下地皮菜、冬瓜片略炒，加汤，调以精盐、鸡粉、白胡椒粉，用生粉勾芡，淋麻油并装碗，撒上香菜即成。

功效：利水消肿、降脂减肥。

鸡腿蘑

引语：鸡腿蘑，因其幼菇形似鸡腿、味如鸡丝而得名，被定为符合联合国粮食及农业组织和世界卫生组织要求的集“天然、营养、保健”三种功能为一体的16种珍稀食用菌之一。

【中文名及别名】

中文名：鸡腿蘑（毛头鬼伞）。

别名：鸡腿菇、刺毛菇。

【食用渊源】

《本草纲目》记载：“蘑菰出山东、淮北诸处。埋桑、楮诸木于土中，浇以米泔，待菰生采之。长二三寸，本小末大，白色柔软，其中空虚，状如未开玉簪花。俗名鸡腿蘑菰，谓其味如鸡也。”“鸡腿蘑菰”即今日所称之鸡腿蘑。

【生长环境】

在土壤内、草丛中一些含有机质的环境中均可生存。

【识别要点】

种子实体丛生,中大型,色泽洁白,柄粗壮,优质单株直径一般为 2.0~3.5 厘米,长 11.0~14.5 厘米,菌盖近光滑、肉厚,稍有鳞片,顶部乳黄至白色。(见图 6-17、图 6-18)

图 6-17

图 6-18

【食用部位及采摘时节】

食用部位:整体可食用。(见图 6-19、图 6-20)

图 6-19

图 6-20

采摘时节：一年四季均可采收，尤以春季3—5月、秋季9—10月为最佳采收期。

【保健功用】

味甘，性平，具有益脾胃、清心安神、通肠利便等功效，经常食用有助于消化，可增加食欲。此外，还具有降血糖、降血脂、提高免疫力、抗肿瘤、抗菌等作用。

【营养价值】

鸡腿蘑高蛋白、高糖、低脂，富含多种矿物质及维生素，是理想的营养均衡食品。其干品中含蛋白质24.5%、总糖57.6%、脂肪2.8%、粗纤维2.8%、灰分10.8%。其子实体中含有20种氨基酸，其中人体必需的8种氨基酸占总量的35%。野生鸡腿蘑中海藻糖含量占总糖含量的一半以上。亚油酸占鸡腿蘑中总脂肪酸含量的77.5%，对预防动脉粥样硬化有重要作用。此外，鸡腿蘑还含有人体必需的微量元素铁、锌、锰、铜、铬、钴、硒等和维生素B_1、维生素B_2、维生素C、维生素E等。

【食用方法】

1. 鸡腿蘑炒凤脯

材料：鸡胸肉250克，鸡腿蘑80克，红甜椒、红酒、橄榄油各适量，盐、鸡精、白糖、胡椒粉、蒜片、葱花、醋各少许。

做法：将鸡胸肉洗净，切丝。鸡腿蘑洗净，切丝。红甜椒洗净，切丝，备用。油锅置火上烧热，放入橄榄油，倒入葱花和蒜片爆香。再倒入鸡肉煸炒2分钟，后放入鸡腿蘑，烹入红酒、醋、鸡精、胡椒粉、盐、白糖，盖上锅盖焖2~5分钟。再将红甜椒丝放入锅中焖1分钟，盛出即可。

功效：健胃消食、清心宁神、强身健体。

2. 鸡腿蘑炒西兰花

材料：鸡腿蘑100克，胡萝卜、西兰花、油、葱、姜、蒜、蚝油适量。

做法：鸡腿蘑清洗干净，把菌盖摘下来，根部切几刀。姜末、蒜末爆锅，下胡萝卜翻炒，然后加入鸡腿蘑。西兰花先焯水，等将鸡腿蘑翻炒2分钟后再放进去。加盐、葱末、蚝油，炒匀即可。

功效：提高免疫力、通便、安神除烦。

参考文献

[1]敖特根白音,李运起,韩艳华,等.我国野生蔬菜资源的开发与利用现状[J].河北农业科学,2015,19(6):92-96.

[2]艾志新.紫苏的栽培及应用[J].林业勘查设计,2013(1):89-90.

[3]张洪,黄建韶,赵东海.紫苏营养成分的研究[J].湖南文理学院学报(自然科学版),2006(1):49-52.

[4]萧焕明.夏季吃点紫苏,消食[J].决策探索(上),2019(6):89.

[5]马凤岐.紫苏:吟配十年灯火梦[J].养生月刊,2020,41(8):692-694.

[6]邱璐琦.车前草的妙用[J].健康博览,2021(4):41.

[7]张建民.车前草可溶性膳食纤维的制备及其活性研究[D].南昌:南昌大学,2007.

[8]梅荣,王晓鹏,刘爱荣,等.药食两用植物马齿苋的研究进展[J].安徽农业科学,2017,45(32):140-141,164.

[9]邓沂. 亦蔬亦药蒲公英　养生疗疾保健康:蒲公英儿科药膳应用探讨[J]. 中医儿科杂志,2017,13(6):72-77.

[10]张露瀛. 蒲公英的实用价值及新产品开发[J]. 食品安全导刊,2017(12):139-140.

[11]谭兴贵,谭楣,邓沂. 中国食物药用大典[M]. 西安:西安交通大学出版社,2013.

[12]林紫玉,张健伟,盖无双,等. 地肤的利用价值及开发前景[J]. 山东林业科技,2007(1):97-98.

[13]万春燕,李传胜,张红,等. 食药皆优　野生茵陈蒿的营养价值[J]. 东方食疗与保健,2008(5):4-5.

[14]王荣华. 三月茵陈四月蒿[J]. 家庭医学,2014(4):53.

[15]于淑玲. 药食保健野菜:苋菜的开发利用[J]. 资源开发与市场,2010,26(2):141-142.

[16]翟元杰. 河南省野菜资源多样性调查及开发利用对策[J]. 资源节约与环保,2016(9):314-315.

[17]赵秀玲. 苋菜的营养成分与保健功能[J]. 食品工业科技,2010,31(8):391-393.

[18]张健,刘美艳. 米瓦罐的营养成分分析[J]. 营养学报,2005(1):75-76.

[19]孙建. 中国艾文化遗产研究[D]. 南京:南京农业大学,2016.

[20]赵倩. 中医药艾草养生文化向文化创意产品转化的研究

[D]. 安徽:安徽大学,2017.

[21]张秋燕. 药食两用益母草[J]. 中国食物与营养,2004(10):2.

[22]尹泳彪,杨晖,张国秀. 附地菜有效成分分析[J]. 中国林副特产,2001(1):13.

[23]李桂凤,董淑敏,李兴福,等. 野生刺儿菜营养成分分析[J]. 营养学报,1999(4):478-479.

[24]温金凤. 猪毛菜化学成分及生物活性研究[D]. 广州:广东药科大学,2021.

[25]段晓琴. 三种保健野菜的营养成分测定[J]. 北方园艺,2013(17):42-43.

[26]李鹏业,曾阳,马祥忠,等. 委陵菜属植物的化学成分及药理作用研究进展[J]. 青海师范大学学报(自然科学版),2012,28(3):61-64.

[27]马蓓蓓,辛华. 莓叶委陵菜营养成分和微量元素的测定和分析[J]. 中国野生植物资源,2011,30(2):54-56.

[28]于淑娟. 中药墨旱莲化学成分及生物活性研究[D]. 济南:济南大学,2020.

[29]李冬梅,夏日耀,杜莲朵,等. 金银花不同部位营养成分分析[J]. 食品研究与开发,2018,39(18):190-194.

[30]孙蕾,吕瑞乔,隋道庆,等. 槐米及其澄清汁饮料的研制[J]. 林业科技通讯,1999(4):34-35.

[31]宗梅,蔡永萍,范志强,等.紫藤不同部位活性成分的研究与应用进展[J].食品工业科技,2013,34(7):383-386.

[32]王云锋,赵丽晶,徐博,等.萱草花的营养成分和生物活性研究进展[J].吉林医药学院学报,2012,33(1):46-49.

[33]应铁进.木槿花的营养价值和深加工[J].农村新技术,2021(8):63-65.

[34]于淑玲.榆钱的营养与保健的探讨[J].中国食物与营养,2009(9):60-61.

[35]陈越.龙葵果多糖的提取及其抗氧化活性的研究[D].长春:长春工业大学,2021.

[36]徐维盛,马姗婕,毕烨,等.七个不同产地山楂的营养成分分析和抗氧化能力评价[J].营养学报,2014,36(3):282-287.

[37]张小东,郭迎迎.桑葚的化学成分和药理作用研究进展[J].人参研究,2016,28(2):49-54.

[38]王婧,张珣,陈金良,等.马泡瓜籽油的理化特性及脂肪酸组成分析[J].食品研究与开发,2021,42(20):48-54.

[39]温春燕.仙人掌果中功能性成分的研究与开发[D].海口:海南大学,2020.

[40]王玲,吴昕洁,冯霞,等.甘孜仙人掌果营养分析研究[J].食品与发酵科技,2012,48(6):92-94.

[41]杨忠仁,翟学婧,张晓艳,等.沙生蔬菜:地梢瓜新品种沙珍 DG-1 号[J].种子,2017,36(7):133-134.

[42]鲍晓华.成熟棠梨果实的成分价值初步研究[J].思茅师范高等专科学校学报,2006(3):16-18.

[43]孟宪刚.初夏第一佳果:枇杷[J].健身科学,2014(6):23.

[44]肖热风,赖怀恩,肖海霞.中药白果的保健作用[J].中国现代药物应用,2013,7(9):186-187.

[45]一尘.蒲公英:几品青香又滑腻[J].养生月刊,2022,43(4):299-301.

[46]翟江伟.药食两用话薏苡仁[J].中国民间疗法,2018,26(5):97-98.

[47]薄春燕.薏苡仁营养成分分析及脱脂薏苡仁的综合利用[D].南昌:南昌大学,2011.

后　记

与野菜结缘出于职业，更属喜欢。“春暖带云锄芍药，秋高和露种芙蓉。”在乡村田间长大的孩子，对土地、植物有着天然的亲近。在编者近二十年中药学专业的从教生涯中，一味味中药已经成为知己、老友。它们不仅仅是一服服济世救人的药方，还是一个个鲜活的精灵，从药斗回到田间地头，回到山坡沼泽，回到了乡亲的饭桌上。

身处被称为中医药文化之根的河南，编者本着追溯本草的发展脉络，挖掘先辈们在养生、康养、“治未病”、“食疗”等方面的成就，在大健康快速发展的今天，把“药食同源、药食同功”的常见野菜品种带到乡亲们的饭桌上，让人们吃得安全、健康、营养。

万物皆有灵性，本草亦然。寒、热、温、凉、辛、甘、酸、苦、咸……野菜各有各的秉性，各有各的味道，各有各的价值，各有各的渊源。荠菜饺子、槐花鸡蛋、紫苏饼、凉拌菊芋、艾草青团、地皮菜炒鸡蛋……多少童年的饮食记忆从心底泛起；酸浆、榆钱、桑葚、山楂、酸枣、栗子……又有多少儿时的水果零食在脑海里回荡。野菜食用的记忆都是零碎的，不成体系的，无法全面呈现。

如何在正确的中医药文化的指导下，帮助民众建立正确的养生、康养理念，更好地服务大众，真实展示野菜的实地辨识、采摘、制作等环节，真正解决老百姓饭桌的安全、健康问题，实现中医药健康服务全方位、全周期，服务健康中原的建设，就是本书编写的初衷。

衷心希望，当这本书被打开的瞬间，鲜活的野菜便携了真诚、善意和美好，走进您的生活、家庭和健康。